U0167298

日本的防汛：
体制、机制与技术

何秉顺　严建华　陈尧　涂勇　编著

中国水利水电出版社
www.waterpub.com.cn
·北京·

内 容 提 要

本书系统地介绍了日本应急管理体制、洪水管理体制、洪水风险图编制技术、暴雨洪水监测预警技术、水库洪水调度和预警技术、堰塞湖应急处置技术、防汛训练和教育方法等。全书分为行政管理和技术应用两部分。行政管理部分涉及第 1 章和第 2章，重点介绍日本洪水灾害应急管理"央与地""统与分""防与救""平与战"的关系。技术应用涉及第 3 章～第 7 章，摘选与我国防汛技术有区别，有特色，或近期才兴起，或与早先技术相比改进较大的技术。

本书可供防汛抗旱管理或专业技术人员参考。

图书在版编目（CIP）数据

日本的防汛：体制、机制与技术 / 何秉顺等编著
. -- 北京：中国水利水电出版社，2020.10
ISBN 978-7-5170-8982-7

Ⅰ. ①日… Ⅱ. ①何… Ⅲ. ①防洪工程－介绍－日本
Ⅳ. ①TV87

中国版本图书馆CIP数据核字(2020)第207062号

书　　名	日本的防汛：体制、机制与技术 RIBEN DE FANGXUN：TIZHI、JIZHI YU JISHU
作　　者	何秉顺　严建华　陈尧　涂勇　编著
出版发行	中国水利水电出版社 （北京市海淀区玉渊潭南路1号D座　100038） 网址：www.waterpub.com.cn E-mail:sales@waterpub.com.cn 电话：（010）68367658（营销中心）
经　　售	北京科水图书销售中心（零售） 电话：（010）88383994、63202643、68545874 全国各地新华书店和相关出版物销售网点
排　　版	中国水利水电出版社微机排版中心
印　　刷	天津嘉恒印务有限公司
规　　格	170mm×240mm　16开本　16.25印张　318千字
版　　次	2020年10月第1版　2020年10月第1次印刷
印　　数	0001—1500册
定　　价	**108.00元**

凡购买我社图书，如有缺页、倒页、脱页的，本社营销中心负责调换
版权所有·侵权必究

前　言

——兼评日本的防汛管理体制和技术

兴水利、除水患历来是治国安邦的大事，日本也概莫能外。日本国土总面积为 37.8 万 km^2，四个列岛基本上中间为山地，河流向两侧发育，流域面积小，河道短、比降大，洪水具有暴涨暴落、历时短的特点，洪水历时一般为 4~5h，最长也不过一两天。日本河流的洪水特性与我国沿海丘陵山地发育的中小河流的洪水特性，以及第二阶地迎风山区的山洪特性有相似之处。

日本洪水灾害管理是国家应急管理体制的重要组成部分。内阁府、国土交通省和都道府县建立了一套相对完整并不断完善的洪水管理体制。但近年来，在全球气候变暖的大背景下，日本极端暴雨洪水有发生更为频繁的倾向。洪涝灾害呈现规模越来越大、受灾范围越来越广、造成的经济损失逐年上升的特点，日本水灾治理越来越严峻的形势，倒逼日本的治水思路、洪水管理体制不断完善，新技术应用呈加速的趋势。

作者基于大量第一手外文资料的收集、阅读、整理和分析，从行政管理和技术应用两个方面，比较系统地介绍了日本应急管理体制、洪水管理体制、洪水风险图编制技术、暴雨洪水监测预警技术、水库调度和泄洪预警技术、堰塞湖应急处置技术、防汛训练教育方法等，从而使得我们能够概览日本的应急管理体制，基本了解日本的洪水管理体制，了解日本在洪水风险图、洪水监测预报预警、堰塞湖应急监测和处置等方面的技术特点及发展趋势，从中可以得到许多对我国持续、深入推进防汛应急管理体制改革和技术开发应用有益的启示。特别是日本在中小河流山洪预报预警、中小水库调度预警、训练教育等方面特色鲜明，技术先进实用，能为我国开展类似工作提供重要参考。依作者之见，日本的防汛管理体制和技术特点如下。

（1）应急管理体制注重一个"统"字。随着 2001 年中央政府系统的一系列改革，日本把原来设在国土厅内的"中央防灾会议"提升至直属首相的内阁府，并于内阁府内设置由首相任命的"防灾担当大臣"，以整合和协调涉灾各省厅和公共机构的政策和措施。内阁府作为应急管理中枢，承担汇总分析日常预防预警信息、制定防灾减灾政策以及中央防灾会议日常工作等任务。重大灾害发生时，中央防灾会议转为灾害对策总部（总指挥部），统筹协调抢险救援。

（2）应急管理法律法规注重一个"改"字。通过灾害调查、反思和检讨，及时总结防灾减灾中的不足，提出针对性强的政策建议，并将其应用到法律法规的修订完善之中。无论是有"防灾宪法"之称的《灾害对策基本法》，还是专门针对防汛的《水防法》《河川法》，近些年都频繁修改。通过修订法律，日本中小河流洪水风险图编制、中小河流预报预警、想定最大规模降雨作为浸水图输入条件等举措得到了有力推进，已基本实现全覆盖。

（3）防汛应急管理对策注重一个"超"字。多场极端暴雨洪水使日本水灾管理部门认识到，"超标准洪水是不可避免的，现有防洪设施无法有效防御超标准洪水"，整个社会必须为超标准洪水做好准备。通过构建"水防灾意识社会"，统筹协调各方面的力量，充分发挥民众的主体作用和各方面的积极性，完善各类防灾软件（非工程措施）和硬件（工程措施），最大限度地减少灾害损失。

（4）派遣的技术力量注重一个"专"字。应地方请求，国土交通省向地方派遣 TEC-FORCE（紧急灾害对策派遣队），提供灾情勘察、抢险技术支撑等服务。紧急灾害对策派遣队人员有上万人，由防洪、地质、通信等方面的专业技术人员组成，分为直升机调查组、实地支援小组、先遣小组等编组，配有排水车、照明车、现场指挥车、直升机等精良装备。

（5）民间抗洪抢险队伍注重一个"兼"字。各地的水防团团员有近87万人，其中98%的人员同时隶属于消防团，既抗洪又扑火。日本采取了积极招募女性团员、组织培训和演练、配备安全防护装备、召开水防团体表彰大会等方式，尽力保持民间抗洪抢险队伍的战斗力。

（6）暴雨洪水监测预警注重一个"细"字。X波段MP雷达和"危机管理型水位计"大量应用，雨量监测的网格达到了250m，水位站间距达到了5~10km，极大细化了雨水情监测网格。对有预报和响应时间的中小河流重要河段建立了"短临降雨预报—断面水文预报—影响区预警"的业务流程；对其余河流，采取基于$1km^2$网格的流域雨量指标方法发布河流危险度预警。

（7）预报预警产品注重一个"明"字。无论是监测信息，还是预报预警信息，都从有利于受众认知的角度出发，采用可视化手段，搭建公众发布服务平台，向公众传达洪水灾害的紧迫性和危险性，最大限度地使受众理解信息的意义并主动避险。

（8）河流浸水区域图注重一个"型"字。穿越平原区的较大型河流泛滥的原因主要是溃堤或漫溢，采用二维水力学方法分析；按地形和洪水运动的特点，将中小河流泛滥的类型分为下泄型、滞留型和扩散型三种，分别采用不同的分析方法；针对小型河流（山洪沟），采取更加简易的方法。

（9）市町村洪水危险图注重一个"避"字。将洪水危险图与居民的避险行动密切联系，反映预测受灾区域的水深和避险路径、避险场所等信息，区分不同地域的转移避险或垂直避险方式和时机，标绘容易受灾的地下场所、养老院等，明确预警信息的传达路径和居民求援方式，以便居民在出现洪水险情时知道如何行动、如何避险。

（10）**水库调度技术注重一个"预"字。**依靠降雨预报，滚动进行水文预报以指导预泄和洪水过程中的调度、下游出现灾害后的调度，充分挖掘水库调蓄的潜力。预报入库洪水达到防洪高水位时，就向下游发布人员转移预警，争取3h以上的转移时间，而实际水位达到异常洪水时操作水位（低于防洪高水位）时，进入异常洪水操作阶段（即入出库流量逐渐平衡）。

（11）**堰塞湖应急处置技术注重一个"适"字。**为适应堰塞湖险情发生后交通中断、无外部电力和公网通信的恶劣环境，开发了多种专用技术和设备。如用直升机搭载人员摄像并激光测距，快速简便测量堰塞体坝高；开发了投入式水位计，用直升机投送，适用于交通、公网通信中断情况下的无人值守监测；开发了空运型挖掘机，可采用常见直升机吊运，施工能力大，拆解组装时间和运输次数少。

（12）**防汛训练和教育方法注重一个"启"字。**相比于传统的灌输式训练教育方法，无论是图上训练法，还是时间轴法、RP训练法，都注重让参训者探索灾害，增加对灾害的理解，启发个人和团队的防灾意识，使"何时做""由谁做""怎么做"更加深入和明确。

但日本的防汛管理体制并非完美，在灾害中仍暴露出一些不足，例如：在暴雨洪水灾害防灾减灾方面，政府和民众的重视程度远不如地震灾害；虽然绘制和发布了市町村危险图，但普及性不够，仍有70%的人员没有看到过；政府没有强制转移的权力，多数情况下只能靠居民的自主避险。有时候政府虽然发出了避险的通知，但真正按指令转移的居民有限；日本已进入老龄化社会，老年人接收信息和行动能力差，在个人自主避险的大背景下成为最易受损的人群。

全书分为行政管理和技术应用两部分。行政管理部分涉及第1章和第2章，由总到分，首先介绍了日本应急管理体制，再延伸到洪水管理体制，重点介绍日本洪水灾害应急管理的"央与地""统与分""防与救""平与战"的关系。技术应用涉及第3章～第7章，摘选与我国防汛技术有区别，有特色，或近期才兴起，或改进较大的技术，包括洪水风险图编制技术、暴雨洪水监测预警技术、水库洪水调度和预警技术、堰塞湖应急处置技术、防汛训练和教育方法等。这些技术方法均已在日本成熟应用，而且多数已形成规范标准。

本书由国家重点研发计划"中小河流洪水防控与应急管理关键技术研究与示范"（2018YFC1508105）支持。应急管理部防汛抗旱司黄先龙副司长，水利部水旱灾害防御司吴泽斌处长，湖北省水利厅二级巡视员、副总规划师江炎生，广西壮族自治区水利厅水旱灾害防御处黄华爱处长，贵州省水利厅水旱灾害防御处裴峰处长，中国水利水电科学研究院郭良教授级高工、刘昌军教授级高工等提出了大量宝贵的修改意见。为本书编写做出贡献的还有中国水利水电科学研究院李青、何朱琳、张智雄等，在本书出版之际，谨向他们表示诚挚的谢意。

作者水平有限，敬请读者批评指正。

作者
2020 年 5 月于北京

目录

Contents

第3章 洪水风险图编制技术

第4章 暴雨洪水监测预警技术

第5章 水库洪水调度和预警技术

第6章 堰塞湖应急处置技术

第7章　防汛训练和教育方法

第 1 章

应急管理体制

日本地处地震和火山活动异常活跃的东太平洋活动地带，是全球地震、火山喷发灾害的高发区。由于地理、地形和气候等条件，日本又是台风、暴雨、洪水、土砂（泥石流、崩塌、滑坡）、暴雪灾害的重灾区。面对各种自然灾害和人为事故的挑战，日本历经多年探索、检讨、修正，建立了由中央（内阁府）负责政策制定和应急指挥协调、部门（国土交通省、气象厅、消防厅等）负责行业预防和技术指导、中央和地方（都道府县、市町村）分级负责的防灾减灾框架。

1.1 应急管理法律体系

现行日本灾害应急管理的法律体系由 40 多部法律组成，包括 7 部灾害对策基本法，18 部灾害预防法，3 部灾害应急处置法，23 部灾后重建和财政金融措施法❶，如图 1.1 所示。这些法律以《灾害对策基本法》为核心，内容涉及灾害预防、应急处置、灾害救助和灾后重建等多个方面。日本灾害应急管理体制正是基于上述法律制度，通过规范日本中央政府和地方政府、公共机构等防灾主体的责任、权限、对策和行动，确立了紧急应对各种灾害的组织体系、行动机制、应对措施和应对方法，为日本有效开展灾害应急管理，提高整体防灾减灾救灾能力提供了有力制度保证。

---

❶　刘轩. 日本灾害危机管理的紧急对策体制［J］. 南开学报（哲学社会科学版），2016(6)：93-103。

类型	预防	应急	重建
	灾害对策基本方法		
地震 海啸	大规模地震对策特殊措施法 海啸对策推进的相关法律 • 加强完善防灾对策地区国家财政方面特殊措施的相关法律 • 地震对策特殊措施法 • 南海海沟地震相关对策特殊措施法 • 首都直下型地震对策特殊措施法 • 日本海沟、千岛海沟周围海沟型地震防灾对策特殊措施法 • 促进建筑物抗震改造的相关法律 • 促进完善集市区的防灾街区的相关法律 • 海啸防灾地区建设的相关法律	• 灾害救助法 • 消防法 • 警察法 • 自卫队法	〈所有的救助措施〉 • 应对严重灾害的特殊财政援助相关法律 〈受灾者的救助措施〉 • 中小企业信用保险法 • 针对天灾导致的农业、林业、水产业者筹措资金相关临时措施法 • 支付灾害慰问金等相关法律 • 雇佣保险法 • 受灾者生活重建支援法 • 股份公司日本政策金融合作社法 〈灾害废弃物处理〉 • 废弃物处理清理的相关法律 〈灾后重建事业〉 • 农业水产业设施灾后重建国库补贴临时措施相关法律
火山	• 火山应对特别措施法		• 公共土木工程设施灾后重建事业费用国库负担法 • 公立学校设施灾后重建费用国库负担法
台风、洪水灾害	• 河流法	• 防汛法	• 受灾市区重建特殊措施法 • 受灾地区建筑物重建相关法律特殊措施法
滑坡 崩塌 泥石流	• 河流法 • 防砂法 • 森林法 • 滑坡预防法 • 预防崩塌的相关法律 • 预防泥石流警戒区泥石流灾害相关法律		〈保险互助制度〉 • 地震保险相关法律 • 农业保险法 • 森林保险法 〈灾害税制度〉 • 针对灾害受灾者减免、推迟征收租税等相关法律 〈其他〉 • 保护特殊灾害的受害者的权利、利益的特殊措施的相关法律
雪灾	• 雪灾对策特殊措施法 • 特殊积雪寒冷地区道路交通相关特殊措施法		• 促进为预防灾害进行集体转移事业的相关国家财政特殊措施等的相关法律 • 大规模灾害受灾地区的租地租房相关的特殊措施法
核灾害	• 核灾害对策特殊措施法		• 大规模灾害重建的相关法律

图1.1　日本的灾害应急管理法律体系❶（出处：内阁府）

❶　令和元年版 防災白書 [EB/OL]. http://www.bousai.go.jp/kaigirep/hakusho/h31/honbun/index. html。

1961 年，日本出台称之为"防灾宪法"的《灾害对策基本法》❶。作为指导日本应对和处置各类灾害的"根本大法"，《灾害对策基本法》的概要主要包括以下几个方面（图 1.2）：

> **1** 明确防灾的相关理念、责任
> ○明确灾害对策的基本理念——"减灾"观点、灾害对策基本法
> ○中央、都道府县、市町村、指定公共机构等的责任和义务——制定并实施防灾相关计划理念、互帮互助等
> ○居民等的责任和义务——自发做好灾前准备、储备生活必需品、参加自发防灾活动等

> **2** 防灾相关组织——完善和促进综合的防灾行政
> ○ 中央：中央防灾会议，特殊（突发）灾害对策本部
> ○ 都道府县、市町村：地方防灾会议、灾害对策本部

> **3** 防灾计划——完善和促进有计划的防灾对策
> ○ 中央防灾会议：防灾基本计划
> ○ 指定行政机构、指定公共机构：防灾业务计划
> ○ 都道府县、市町村：地区防灾计划
> ○ 市町村居民等：地区防灾计划

> **4** 推进灾害对策
> ○ 规定各实施责任主体在灾害预防、应急对策、灾后重建各阶段的职责和权限。
> ○ 市町村长暂时负责实施灾害应急对策(避险指挥等)，大规模灾害时由都道府县指定的行政机构采取应急措施

> **5** 受灾者保护对策
> ○ 提前确定需支援人员名单
> ○ 明确灾害发生时避难所、避险设施相关的标准
> ○ 通过制作受灾证明和受灾者名单补充完善受灾者支援政策
> ○ 关于大范围疏散和物资运输框架的规定

> **6** 财政金融措施
> ○ 实施负责人承担执法的相关费用
> ○ 中央政府对极端灾害的财政措施

> **7** 灾害紧急状态
> ○ 宣布灾害紧急状态—内阁会议确定政府方针(对策基本方针)
> ○ 紧急措施(对基本生活必要物资的分配加以限制，暂停支付货币债务，制定获得国际支援的相关紧急政令，自动执行特定非常灾害法)

图1.2　灾害对策基本法概要 ❷

（1）明确防灾的理念和各相关单位的责任。明确灾害预防、灾害应急处置及灾后重建几个阶段，中央（内阁府）、相关省厅（类似于我国部委）、公共机构（电力、通信、媒体等）、地方政府（都道府县、市町村）的职责。

（2）推进综合性防灾行政管理。改变长期沿袭的条块体系的防灾组织体系，在内阁府建立防灾担当部门，设防灾担当大臣，设置"中央防灾会议"作为综合协调机关，统一指挥和统筹各项防灾事宜。与此同时，为了在灾害发生时有效地作出应对，专门以法制化的形式明确设置"灾害对策本部"（类似于我国的"总指挥部"），统筹协调紧急状态下的组织、指挥等职能。

---

❶　姚国章. 日本突发公共事件应急管理体系解析［J］. 电子政务，2007(7):58-67。

❷　令和元年版　防災白書［EB/OL］. http://www.bousai.go.jp/kaigirep/hakusho/h31/honbun/index.html。

（3）统筹组织制定各类各级防灾计划（类似于我国防灾预案或防灾规划），包括防灾基本计划、防灾业务计划、地区防灾计划等。

（4）推进防灾对策，包括灾害预防对策、灾后重建政策。

（5）制定灾者保护对策，包括事先确定需帮扶对象名单，建立避险点，储备防灾救灾物资等。

（6）制定财政金融措施，对于重大灾害，国家给予财政援助。

（7）灾害紧急状态措施包括发布紧急状态通告、采取物资配给制等。

《灾害对策基本法》自第一次颁布以来，不断得到调整和修正：根据从2011年"3·11"地震海啸灾害中吸取的经验教训，2012年增加了地方政府相互支援和确保居民顺利安全撤离的措施以及相关规定；2014年，又增加了清理无主汽车的规定，以保障应急救援车辆顺利通行❶。在应急实践中不断完善的《灾害对策基本法》为日本各级政府科学、有效地应对各种突发公共事件提供了强有力的法律保障，对提高日本整体应急管理的能力和水平有着不可低估的作用。

1.2　应急管理体制框架

日本的应急组织体系分为中央、都道府县、市町村三级制，各级政府在平时召开灾害应对会议，在灾害发生时，成立相应的灾害对策本部。涉及的中央政府部门主要是内阁府、国土交通省、气象厅、消防厅等，涉及的公共机构包括公共媒体、电力和通信公司等。

1.2.1　内阁府和中央防灾会议

随着2001年中央政府系统的一系列改革，内阁府内新设立了"防灾担当大臣"一职，以整合和协调涉灾各省厅和公共机构的政策和措施（图1.3）。防灾担当部门的主要职责是协调政府组织之间广泛的合作与协作，制定年度灾害应对训练计划，制定各灾害防灾预案，主持召开中央防灾会议。在发生大规模灾害时，内阁府负责收集和分析相关信息，向首相报告，建立包括"灾害对策本部"在内的紧急应对系统，统筹协调各部门各地区采取应对措施。

内阁府（防灾担当部门）负责组织召开中央防灾会议，与会人员由指定政府机关的首长（各部门一把手）、专家学者等委员组成，中央防灾会议组织机构图如图1.4所示。按照《灾害对策基本法》的规定，中央防灾会议的主要职责包括

---

❶ 刘轩. 日本灾害危机管理的紧急对策体制［J］. 南开学报（哲学社会科学版），2016（6）：93-103。

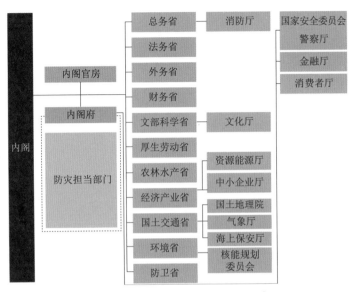

图1.3 日本中央政府涉灾管理各部门❶

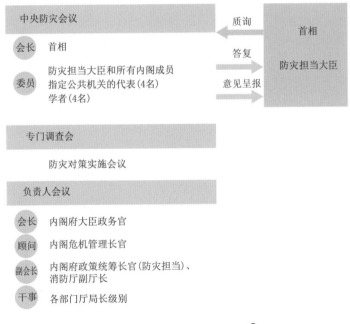

图1.4 中央防灾会议组织机构图❶

---

❶ 令和元年版 防災白書 [EB/OL]. http://www.bousai.go.jp/kaigirep/hakusho/h31/honbun/index.html.

确保灾害管理政策被广泛理解；讨论有关灾害管理的重要事宜；审议拟定"年度防灾基本计划"等灾害应对相关计划；制定在发生非常灾害时的应急措施；接受首相和防灾担当大臣的质询，审议各类有关防灾的重要事项等。为促进防灾工作科学有序地展开，中央防灾会议还设立相应的专门委员会和调查委员会，有针对性地开展相关问题的研讨及灾害调查。2018年中央防灾会议议题有两项，分别为审议年度防灾基本计划和修订《灾害救助法》；2019年中央防灾会议的议题有三项，分别是审议年度防灾基本计划、年度综合防灾训练大纲，修订南日本海大地震防灾对策推进基本计划。

内阁府的另一项重要职能是在重大灾害发生时，设立灾害对策总部（总指挥部），统筹协调抢险救援。视灾情还可在灾区设立现场对策本部（现场指挥部），以便就近指挥。内阁府作为应急管理中枢，承担汇总分析日常预防预警信息、制定防灾减灾政策以及中央防灾会议日常工作等任务。各类突发公共事件的预防和处置，由各牵头部门各司其职、各负其责，进行相对集中的管理。

1.2.2　都道府县、市町村防灾会议

与中央类似，各地方政府设有防灾会议。都道府县层级的防灾会议由都道府县知事出任会长，委员由都道府县及中央派驻地方的机关、教育委员会、警察局、市町村、消防机关、陆上自卫队警备区域方面的总监，以及指定公共机关、指定公共事业分支机构、辖区内指定地方公共事业或团体的首长、负责人、指派代表等担任。都道府县防灾会议每年定期召开一次，规定的任务包括制定及推行都道府县的地区防灾计划；灾害发生时搜集灾情相关资料；协调相关机关采取灾害应急处置措施，并从事灾害善后处理工作；制定都道府县的灾害紧急应急处置方案等。

市町村层级的防灾会议由市町村长出任会长，会议成员构成参照都道府县防灾会议。它的主要任务是拟定市町村地区灾害应对计划，并从事灾情搜集以及推动各项灾害应对措施的制定等。

在都道府县或市町村两级，当需要进行跨区域的协调时，应设立由两个以上的都道府县或市町村辖区联合成立的"防灾会议协调会"，共同处理跨区域的灾害应对事务。

1.2.3　灾后反思调查机制

《灾害对策基本法》规定，中央防灾会议设立相应的调查委员会和专业小组

研讨会,有针对性地开展相关问题的研讨及灾害调查,日本防灾减灾相关省厅(国土交通省、气象厅、消防厅等)也相应成立专门调查委员会(或研讨会),就某些防灾政策和灾害应对过程中发现的问题进行调查研究。《灾害对策基本法》同时规定,地方(都道府县、市町村)防灾会议也应设立相关的调查委员会,负责本区域灾害应对调查评估。《灾害对策基本法》从法律上确立了灾害应对的调查、评估和反馈机制。

内阁府在特大灾害发生后或认为某项防灾减灾政策需要调整时,组织召开调查评估会。日本的灾害应对调查评估会议组织有以下几个特点:

(1)独立性。调查委员会委员以高校、科研机构知名教授、专家为主,会议主席也由高校知名教授担任,受灾地区政府行政首长、NHK(日本放送协会)人员视情参加。内阁府人员列席会议,会议研讨期间不发言,不对会议结论进行干预,以保证委员会的独立性。

(2)精心组织并公开。对于每次会议,会前发布公告,公开会议议程、会议议题、会议座次、会议人员名单、会议参阅材料并邀请记者采访。会议参阅材料一般由相关政府部门提供,包括事先准备、应急处置的详细流程描述,部分委员也会提供自身在某一方面的研究成果。会后会议组织会在网站上发布会议纪要。

(3)多轮研讨。调查评估会议委员会主席和成员确定后,一般由主席确定每次会议的议题和最终成果组成。调查评估会议一般召开多个轮次,有时还要结合现场查勘,才能形成最终成果。如内阁府组织的"2011年东北地区地震应对教训和地震海啸灾害对策调查会"组织了12轮会议才形成最终成果报告。

(4)反馈施策。由于上述灾害调查会议隶属于中央防灾会议,或直接由防灾业务部门(国土交通省等)组织召开,会议所总结的经验教训和防灾政策建议迅速被吸收至相关政策、法规和防灾计划(预案)。如上述所提的《灾害对策基本法》在2011年"3·11"地震海啸灾害后,已修订15次。

(5)逢灾必查。2001年以来,日本中央防灾会议设立的专门调查评估委员会和专题小组会议有40余个,涵盖了东南海、南海地震对策、各防灾部门信息共享、促进私营部门与政府机构合作、首都大规模灾害应对措施、2011年"3·11"地震海啸灾害、2017年九州北部暴雨洪水灾害、2018年7月东日本大规模洪水灾害、2019年19号台风洪水灾害等多方面议题。国土交通省水管理·国土保全局、气象厅、消防厅也分别针对防灾减灾的某一具体政策或具体问题召开了总计100多场的检讨会。

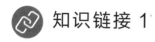

知识链接 1

日本2011年"3·11"大地震对策调查会议❶

2011 年 3 月 11 日,距离日本东北部太平洋沿岸 130km 处发生里氏 9.0 级的强烈地震,震源深度为 24km。此次地震引发了海啸、核泄漏等一系列复杂的次生灾害,造成了巨大人员伤亡和经济损失。这是日本二战后死亡人数最多、该国观测史上最强的地震巨灾。灾害发生后,日本在地震灾害应对、应急响应、首都圈灾害应对、防灾教育、核电站的巨灾应对等领域,组织了跨学科、多部门参与的调查委员会和咨询会议,对地震前后的国家防灾减灾政策与措施,进行总结、反思以及修改。其中,中央防灾会议组织的"2011 年东北地区地震应对教训和海啸灾害对策调查会"最有代表性和权威性。

中央防灾会议作为会议的发起方和组织方,成立调查委员会,研讨"3·11"大地震造成的地震和海啸的损失,分析灾害教训,提出未来减灾对策。调查委员会主席由关西大学河田惠昭教授担任,成员中有 12 名大学科研机构的教授(研究领域包括灾害学、地质学、海洋学、社会学、传播学、心理学等),3 名地方政府首长,还有一名来自 NHK(日本放送协会)的副委员长。调查会从 2011 年 5 月 28 日开始,至 9 月 28 日结束,共计召开了 12 轮会议,每轮会议的议题和会议材料见表 1.1。

表1.1　　　　　　　　调查会议议题和会议材料

序号	时间	会议主题	会 议 材 料
第1次会议	2011年5月28日	关于此次地震海啸灾害的分析	1.中央防灾会议调查委员会构成图 2.中央防灾会议调查委员会会议规则 3.气象厅提供的东北地区太平洋近海地震概要 4.内阁府提供的此次地震海啸造成的重大损失、海啸灾害概要、过去发生的地震和设想地震情况

---

❶　東北地方太平洋沖地震を教訓とした地震・津波対策に関する専門調査会 [EB/OL]. http://www.bousai.go.jp/kaigirep/chousakai/tohokukyokun/index.html.

续表

序号	时间	会议主题	会　议　材　料
第1次会议	2011年5月28日	关于此次地震海啸灾害的分析	5.防灾基本计划[包含防灾对策体系、防灾基本计划（节选）] 6.本次会议议题总体安排 7.部分委员提供的材料 8.日本紧急灾害对策本部提供的此次灾害应对的基本情况（地震海啸基本情况、政府应对、受灾情况、救援情况、自卫队派遣、海外支援等） 9.受灾情况各项数据 10.此次海啸的淹没范围和痕迹
第2次会议	2011年6月13日	大规模地震对策的思考	1.气象厅提供的"针对东北地区太平洋海域地震的海啸警报发布经过和课题"的资料 2.文部科学省提供的资料（包含地震调查研究进展、海沟型地震在未来30年内的发生概率和规模、东北地方太平洋近海地震的长期评价、今后计划） 3.内阁府提供的"关于日本海沟、千岛海沟周边海沟型地震的专门调查会的思考"的资料（包含专门调查会的讨论流程、过去发生的地震海啸调查、地震海啸重建模型的构建、作为防灾对策研究对象的地震选定） 4.内阁府提供的"对地震海啸的思考"的资料（包含作为中央防灾会议研究对象的大规模地震、讨论今后的防灾对策关于设定研究对象地震海啸的要点、关于受灾设想和防灾对策、此次灾害的教训和需要研究的课题） 5.部分委员提供的材料 6.对当前地震海啸的一些初步思考 7.第1次会议概要

续表

序号	时间	会议主题	会 议 材 料
第3次会议	2011年6月19日	1.大规模地震对策 （1）现有假想地震的设定思路。 （2）未来预想地震量级的设定思路。 2.为了防治减轻海啸灾害的基本路线 （1）防灾体制。 （2）从海啸防灾的观点检讨城镇建设。 （3）海啸防灾设施规划。 3.中间汇总（框架）	1.当前委员意见整理 2.海岸相关部门（农林水产省农村振兴局、农林水产省水产厅、国土交通省）提供的"关于海岸保全设施的准备和受灾情况"的材料 3.当前海啸灾害减灾对策的概要（包含当前海啸灾害减灾对策的构成、防灾体制的进展、从海啸防灾的视角规划城镇建设） 4.委员提供的资料 5.第2次调查会议资料和概要 6.当前的海啸灾害减灾对策相关数据[包含当前的海啸灾害减灾对策（指南及手册）、海啸防灾设施的准备、防灾体制情况]
第4次会议	2011年6月26日	1.中间汇总（方案） 2.防治减轻海啸灾害的基本路线 3.防御海啸的设施准备的基本思路	1.海啸避险时的行动和意识 2.委员提供的资料 3.关于海啸避险事行动和意识的调查 4.第3次调查会议概要 5.关于今后的海啸防灾对策的基本思路（中期成果） 6.中期成果的建议——关于今后的海啸防灾对策的基本思路
第5次会议	2011年7月10日	地区海啸防灾措施	1.高地迁移和土地利用限制 2.地区防灾计划和城市计划中的海啸防灾对策内容 3.2004年苏门答腊岛近海地震，2010年智利中部沿岸地震的避险情况 4.委员提供的资料 5.这次海啸中进行高地转移地区情况 6.地区海啸防灾措施的事例

续表

序号	时间	会议主题	会 议 材 料
第5次会议	2011年7月10日	地区海啸防灾措施	7.地区防灾计划中的海啸对策强化指南 8.相关法律法规条文 9.第4次会议概要
第6次会议	2011年7月31日	1.为了减轻海啸灾害的土地规划利用方法 2.发生灾害时海啸避险的方案	1.东京大学浅见教授提供的"城市规划考虑"的资料 2.国土交通省提供的"设计海啸水位见解"的资料 3.国土交通省提供的"为顺利引导和促进海啸灾区的民间重建活动的土地利用调整方针及概要""关于海啸防灾城市建设""建设海啸防灾城市见解"的资料 4.关于海外地震海啸的转移及受灾情况 5.根据过去的建筑规制和现在的建筑基准法的措施 6.海啸警报等相关的调查结果（速报） 7.气象厅提供的"第二次东北地区太平洋海域地震海啸灾害为基础的海啸警报改善研讨会概要报告"的资料 8.委员提供的资料 9.重建支援事业的案例 10.昭和三陆地震后建筑限制地区住宅建筑的变迁 11.第5次会议概要
第7次会议	2011年8月16日	1.发生灾害时海啸避险的方案 2.居民避灾行动的改进	1.2011年东日本大地震的避险行动等相关的现场调查分析结果 2.2011年东日本大地震的避险行动等相关的现场调查（避险支援者等）结果概要 3.海啸避险对策案例

续表

序号	时间	会议主题	会 议 材 料
第7次会议	2011年8月16日	1.发生灾害时海啸避险的方案 2.居民避灾行动的改进	4.现有的灾害设想和东日本大地震的受灾情况及概要 5.委员提供的资料 6.2011年东日本大地震的避险行动等相关的现场调查统计结果 7.气象厅提供的"基于东北地方太平洋海域地震海啸灾害的海啸警报改善路线(中期成果)"的资料 8.关于海啸避险对策的法律,防灾基本计划 9.东北大学灾害控制研究中心越村准教授提供的"2011年东北地区太平洋地震海啸受害函数的建立(初步解析)"的资料 10.第6次会议概要
第8次会议	2011年8月25日	1.发生灾害时海啸避险的方案 2.应对海沟型大规模地震引发的广域灾害	1.2011年东日本大地震的避险行动等相关的现场调查分析结果（追加） 2.气象厅提供的"基于东北地方太平洋近海地震引起的海啸灾害,海啸警报改善的路线方针和今后的计划等"的资料 3.以东日本大地震为基础,今后预想灾害——伴随海沟型地震的大范围灾害的对应及概要 4.委员提供的资料 5.第7次会议概要
第9次会议	2011年9月10日	1.发生灾害时海啸避险的方案 2.应对海沟型大规模地震引发的大范围灾害	1.警察厅提供的"岩手、宫城县警察从警察和避险者了解的情况等"的材料 2.2011年东日本大地震的避险行动等相关的会面调查（居民）分析结果（再追加部分） 3.海啸风险图

续表

序号	时间	会议主题	会 议 材 料
第9次会议	2011年9月10日	1.发生灾害时海啸避险的方案 2.应对海沟型大规模地震引发的大范围灾害	4.海啸避险楼建设等 5.大范围巨灾对策的要点（以东海·东南海·南海地震为例） 6.总务省提供的"东日本大地震通信受灾状况与重建等相关的措施"的资料 7.气象厅提供的"基于东北地方太平洋近海地震海啸灾害的海啸警报改善方向"的材料及概要资料 8.委员提供的资料 9.经济产业省提供的"3月11日的地震造成东北电力的广域停电概要"的资料 10.第8次会议概要
第10次会议	2011年9月17日	1.防灾基本计划的修订 2.最终报告(草案)	1.防灾基本计划 2.防灾基本计划（参考资料） 3.防灾基本计划（摘录） 4.第9次会议概要
第11次会议	2011年9月24日	最终报告（方案）	第10次会议概要
第12次会议	2011年9月28日	最终报告（方案）	1.最终报告（方案） 2.最终报告（方案）要点 3.最终报告（方案）参考图表集 4.第11次会议概要

调查结果表明，政府部门具有一定的防灾能力，采取了一些合理的避险行动，但面对超出预测的重大灾害，日本在减灾工作上仍暴露出诸多问题和不足。日本政府依据本调查报告，对日本的地震、海啸对策进行了重新评估，提出一系列改进措施。

1. 此次地震海啸灾害的特征和致灾原因

此次海啸的规模远远超出了以往的设想，震级高达里氏9.0级，是世界观测史上最高震级，也是日本有观测记录以来规模最大的地震。地震引发了巨大的海啸、火灾和核泄漏，使整个地区遭受了近乎毁灭性的破坏。另外，其他的一些薄弱环节，如地震发生后的海啸警报发布和传达体系脆弱、居民等避险行动不合理、避险场所远离灾害点、过度依赖防潮大堤等，也是造成灾害损失如此之大的原因。

2. 改进措施

（1）提高防灾意识，加强预测研究。接受预测结果与实际灾害发生相差很大的事实，从根源审视今后的地震海啸所有级别灾害发生的可能性，设想最大级别的地震海啸所能带来的灾害程度，并制定相应防治措施，推进防灾和应急措施的改进。

（2）分级应对，确定基本思路。将海啸应对分为两个级别：一是特大海啸，这类海啸发生频率极低，但会造成巨大损失，应对要以保护居民生命安全为最优先目标，有效利用土地、避险设施、防灾设施，采取一切可能手段，制定综合海啸防范对策；二是常规海啸，应对这类一般型大海啸时，在保护生命的基础上，也要尽可能保护居民财产，确保地区社会经济稳定。

（3）以损失最小化为"减灾"理念，软件硬件相结合。既利用海岸保护设施等"硬件"减少灾害损失，又充分发挥防灾教育、风险图等"软件"的作用。完善风险图的内容，建立可靠的预警信息传达机制。针对居住地区的特点、地震海啸的危险性、历史受灾情况，总结经验和教训，加强居民信息的传达共享，提高居民自防自救能力。

（4）加强海啸监测预警能力，完善信息发布机制，树立居民自主避险意识。完善并加强海底地震仪、海面水压计、GPS波浪计等设备组成的监测体系；改善警报发布和信息传递的方式，提高警报设施的建设标准；利用防灾行政无线、电视广播、手机等所有手段，确保把海啸警报传达给居民；不完全依赖海岸等防灾设施，如果发生大海啸，要认识到避险行动的重要性，自主迅速前往高处避险。

（5）改善城市建设，制定行动规则。将地区的防灾计划和城市规划密切结合，从长远的角度推进安全城市建设，考虑浸水风险，因地制宜建设交通基础设施、避险场所及路线。海啸避险以步行避险为原则，对避险行动和避险状况等进行全面的调查分析，制定海啸到达时间内的防灾对策和引导避险的行动规则。

知识链接 2

日本2017年九州北部山洪灾害调查会议[1]

2017 年 7 月 5—6 日，受第 3 号台风"南玛都"和梅雨季节湿润气流的影响，日本九州岛北部福冈、大分县多地出现了超历史极值的强降雨，最大 1h 降雨 129.5mm，最大 24h 降雨 545.5mm。强降雨导致多地出现严重的山洪灾害，1200 多户家庭房屋受损，41 人死亡失踪，40 余万人转移避险，是近年来日本发生的最严重的山洪灾害之一。灾后，日本最高防灾决策机构内阁府组织了九州北部山洪灾害事件防御检讨会，详细分析了灾害发生的原因，查找了灾害预警发布、人员避险、防御机制上的薄弱环节。

1. 会议组织形式

2017 年 9 月 20—21 日，日本最高防灾主管部门内阁府组织消防厅，国土交通省，气象厅，福冈县、大分县等有关县，以及相关专业人士组成调查组，赴福冈县朝仓市、东峰村，大分县日田市实地了解受灾情况、居民的避险行动、有关政府部门采取的防御措施等。

10 月 30 日，内阁府在中央灾害对策总部会议室召开关于 2017 年 7 月九州北部暴雨山洪灾害防御调查会。调查会研讨组由东京大学和静冈大学的知名教授，内阁府防灾主管官员，消防厅、农林水产省、林业厅、水产厅、国土交通省、国土地理院、气象厅等的主管人员等组成。会议分别对 2017 年 7 月暴雨灾害受灾情况、现场调查分析结果及今后改进方向进行了充分研讨。

2. 总结的教训

调查结果表明，政府部门能够根据气象和水位情况提前发布避险预警，当地居民也表现出较强的防灾意识，具备一定的防灾能力，能够采取合理的避险行动，然而在防御暴雨及其引发的山洪地质灾害的过程中，依然暴露出许多问题。

（1）人员防灾避险意识欠缺。有相当一部分居民在收到转移指示后不予理会，因没有转移导致遇难的情况时有发生；在山丘区等发生山洪灾害危险性很高的地区，没有任何警示牌表明山洪灾害的危险性。此次灾害事件中的遇难者都是由于不了解山洪灾害的危险性，过度相信自家住宅的安

---

❶ 平成29年7月九州北部豪雨災害を踏まえた避難に関する検討会[EB/OL]. http://www.bousai. go.jp/fusuigai/kyusyu_hinan/index.html。

全性，缺少提前避险的思想认识，当意识到需要避险时，部分河流已经泛滥，很难再采取避险行动，导致在自己家里遇难。

（2）信息采集和监测能力不足。部分山洪沟暴发山洪的危险性很高，而又由于缺少水位站和图像视频站等监测设备进行雨水情监测，防灾主管部门缺少山洪沟实时的雨水情信息，难以及时发布避险预警。

（3）避险预警缺少指导。在避险预警的发布与传递方面，对于洪水预报河流和水位周知❶河流以外的其他河流（主要是小型沟道），用以指导发布避险警告的准则仍属空白。

（4）防灾体制沟通协作不足。灾害防御工程是内阁府、消防厅、国土交通省、气象厅以及各地方政府等多个部门协同应对灾害的系统工程，由于缺少统一的监测系统，各部门间难以做到信息实时共享，从而影响避险预警判断和发布时效，影响整个灾害防御工作效率。

3. 提出的改进措施

根据此次灾害事件的教训总结，为切实提高灾害防御效率，调查组认为有关部门应加强合作，着力推进下述四方面的工作。

（1）加强基层防灾能力建设。

1）合理确定紧急避险场所，完善相关功能设施。一方面，为了确保居民安全避险，地方政府应综合考虑居民避险时间和避险路线安全性，合理确定紧急避险场所，同时也要确定备选避险场所，以便当居民前往指定紧急避险场所存在困难时，能够选择其他相对安全的场所进行避险。此外，地方政府应改善紧急避险场所的基础生活设施条件，做好食物、饮品、毛毯等避险生活必要物资储备，确保避险居民有基本生活保障。另一方面，按要求加快完成地方"灾害风险图"的制定，划定山洪灾害危险区和安全区，便于指导防灾避险工作。

2）着重解决"脆弱群体"的避险问题。避险行动中的"脆弱群体"主要是指老弱病残等难以依靠自身进行避险、需要帮助的人员。地方组织应随时掌握当地需要帮助的"脆弱群众"名单与详细信息，并与民生委员、消防机关、自主防灾组织等避险救援相关部门加强名单信息共享，在需要避险时，迅速组织人员进行精准帮扶。

3）组织开展避险演练，提高居民防灾意识和紧急避险能力。为了提高居民的防灾意识和紧急避险能力，确保居民在灾害发生时能够准确判断险情，采取正确的避险行动，地方政府应当在汛期前根据当地实际情况，

---

❶ 《水防法》第十三条,除了洪水预报河流,将其他河流的水位向公众广泛告知（日文称为水位周知）。

组织有针对性的避险演习，特别是在容易发生山洪地质灾害的高危地区，更要积极组织演练，提高居民避险能力。

4）系统制定防灾预案，强化基层整体防灾能力。通过构建"居民－政府－专家"一体化的工作方式，系统制定基层防灾预案，强化基层整体防灾能力。例如，向居民普及防灾知识；通过与居民政府共同制作自主防灾地图、灾害风险地图等方式，促使居民掌握危险地区和避险场所等信息；定期组织防灾避险演练等。此外，内阁府也应组织编写面向居民的自我保护指导书，用于指导居民在面对洪水、泥石流等灾害时进行自主判断、主动避险、自我保护。

5）加强防灾意识教育，提高对灾害危险性的思想认识。政府应加强对居民防灾意识的教育，不能只基于个人以往的受灾经验判断是否采取避险行动，而应重视发出的每一次灾害预警信息，积极主动避险。

（2）扩大信息收集范围，提高信息处理能力，提升灾害预警水平。

1）增加水位站等监测设备的安装设置，扩大雨水情信息收集范围。山丘区的中小河流因暴雨导致山洪暴发的危险性很高，但缺少相应的水情监测设施。国土交通省与相关企业共同开发了适用于山丘区中小河流的低成本水位计，称之为"危机管理型水位计"，采取了应对陡涨陡落洪水的特别设计。今后将普及安装这类水位计，对中小河流的水位信息等加以实时监测。

2）加强对雨情、水情等信息的整理研究。为了从大量气象、水文信息中迅速判断和准确提取有效数据进行分析，提前发出灾害预警，气象和水文部门一方面应加强对雨情、水情信息的研究分析，另一方面应加强对洪水警戒指标、泥石流灾害警戒指标、流域雨量预警指标、泥石流灾害警戒判定网格信息系统、洪水警报危险度分布图等资料的整理利用，提高对各类信息进行综合分析整理的水平。

3）重视热线电话中报告的信息。就把握灾害发生的危险性来说，应重视来自河流管理员和地方气象台通过热线电话报告的信息，结合现场信息和防灾气象信息等，做出灾害预警发布。此外，在紧急时刻，也可以向这些人员、机构寻求帮助。

（3）提高避险预警信息发布水平，推进信息发布方式的多样化。

1）制定洪水预报河流、水位周知河流以外其他河流的避险预警的发布准则。由于洪水预报河流、水位周知河流以外的其他河流目前还没有规范的避险预警发布准则，而且这类河流的实时水位信息相对较少，难以判断其发生山洪灾害的危险程度，所以，应当加快制定这类河流避险警告的发布准则，及时提醒居民避险。

2）提高避险预警发布的时效性、准确性，合理划定发布范围。有关部门应制定发布避险预警的准则和模板，提高发布避险预警的时效性和准确性。此外，避险预警中应合理划定发布范围，避免受发布范围所限，居民未能及时避险。

3）增强避险预警传递方式的多样化。由于灾害事件发生时通常也会引发通信障碍，为了确保居民能够及时收到避险预警，地方政府应立足于地区实际，健全信息传递体制，多措并举，采用多种方式、多种途径发布、传递避险预警，确保避险预警传递到位。

（4）建设协同、高效的防灾体制。

1）制定明确的防灾工作计划，确保灾害应对工作的持续性和有效性。在人员方面，依照灾害对策指导和地区防灾预案，根据灾害发生的紧迫程度确定阶段性的防灾人员扩充计划，确保有足够的人员应对灾害发生时的各种突发状况。同时也要规范防灾人员的工作职责、工作流程等，确保灾害应对工作有序开展。在设备方面，做好发电装置等相关设备无法正常运转的紧急预案，确保紧急情况下设备的正常运转。

2）组织实施避险预警信息发布的演练。每年汛期前组织的避险演练也应包括灾害预警信息发布等环节，确保有关部门在灾害发生时能够及时、准确地发布预警信息。

3）加强硬件设施建设，强化灾害对策总部能力。加强灾害对策总部办公室的硬件设施建设水平，引入大型监控器等设备，构建防灾信息共享系统，提高各类信息共享水平，以便快速、准确地作出灾害应对决策；引入卫星电话等设备，以应对可能出现的通信不畅等情况。

1.3　防灾计划

根据防灾基本计划的要求，各级行政机关和公共机构基于各自的职责范围和业务内容，负责制定各自的防灾业务计划。地方（都道府县、市町村）防灾计划由都道府县及市町村的防灾会议拟定，是地区内各机关处理有关灾害应对事务的"总纲"。主要防灾计划和制定主体见表 1.2,防灾基本计划构成图如图 1.5 所示。

表1.2 主要防灾计划和制定主体

主要防灾计划	主 要 内 容	制定主体
防灾基本计划	确立防灾体制，推进防灾事业，快速实施灾后重建，推进防灾科学技术研究，制定防灾业务计划与地域防灾计划中的重点事项与基本方针	中央防灾会议
防灾业务计划	各指定行政机关所负责的事务，防灾应采取的有关措施，以及制定地域防灾计划的基本要求等	指定行政机关的第一负责人
	指定公共机关的防灾有关事务、事项	指定公共机关
地方（都道府县、市町村）防灾计划	都道府县、市町村有关防灾设施，灾害预报、情报收集、传达、预警报，灾害应急与重建对策的计划，以及落实这些措施所需要的劳务、设备、设施、物资、资金等的准备、储备、调配、输送、通信等方面的计划	都道府县防灾会议、市镇村防灾会议或市镇村长

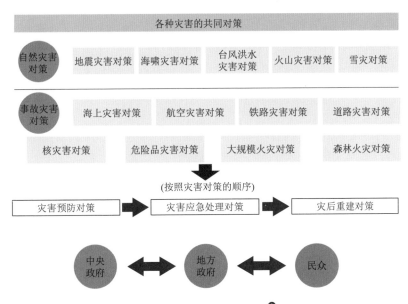

图1.5 防灾基本计划构成图❶

1.3.1 防灾基本计划

防灾基本计划由中央防灾会议制定，并依据有关灾害发生与预防的科学研

---

❶ 令和元年版 防災白書［EB/OL］. http://www.bousai.go.jp/kaigirep/hakusho/h31/honbun/index.html。

究成果，以及灾害应急对策、模拟操作，并结合实际需要每年进行审核修订，做到"与时俱进"。防灾基本计划既是国家灾害管理措施的基础，也是日本灾害应对行政的最高计划。1995 年的"阪神大地震"过后，这一计划得到了全方位的调整，如每个行政管理机构明确了在防灾中的角色和责任，并为根据灾害类型进行准备、紧急反应及恢复和重建提供了有针对性的指南。防灾基本计划涉及的内容十分广泛，主要包括全国防灾的长期性综合计划；规定防灾业务计划及地区灾害应对计划中应涵盖的重要事项；防灾业务计划及地区灾害应对计划的制定基准等。

自 1963 年 6 月制定以来，日本不断根据社会经济结构、灾害和防灾需要的变化修订和完善《防灾基本计划》。2017 年 4 月的修订，源于 2016 年发生的熊本地震和台风灾害给灾害治理提出的新问题。熊本地震共造成 228 人遇难、2753 人受伤，尽管各地政府设置了 855 个避险点，为 18.4 万人提供了避险场所，但是地震后出现了许多受灾居民没有入住避险点而是睡在汽车中的新情况，还出现了政府没能及时掌握避险点内群众需要和物资配送的情况。对此，日本政府迅速应对，在充分总结经验教训的基础上，于 2019 年 4 月修订了《防灾基本计划》，主要修订内容包括以下方面：

（1）开展针对性培训，提高地方政府的防灾能力。要求对地方政府首长和干部职员进行防灾培训，而且在灾害发生后要根据地区和灾害特点派遣相关职员进行灾害支援，切实提高行政组织的防灾能力。

（2）引进最新的信息共享技术，官民共享防灾信息。日本政府提倡自助、共助和公助的防灾理念，强调居民个人、社区、企业、非营利组织和政府共同参与防灾。不同防灾主体之间的信息不透明既可能影响救灾效率，也可能会使防灾主体错失救灾时机，在应对重大灾害时信息共享显得尤为必要。为此，日本政府引进最新信息共享技术（information and communication technology，ICT），制定了中央和地方政府、民间企业和组织之间共享信息的方法、时间等规则，并在此基础上建立"灾害情报中心"❶。

1.3.2　防灾业务计划

防灾业务计划由指定公共机关（如国土交通省）或指定公共事业（如电力、媒体等）制定，主要内容涉及其所掌管的事务或业务范围内关于防灾需采取的措施，以及与所负责的事务有关的地区防灾计划应记载事项的制定基准等。各指定公共机关及指定公共事业在执行防灾业务计划时，应接受灾害对策本部的指示，于内部成立紧急对策指挥组织，并指示所属单位做必要的处置，迅速搜集、

---

❶　熊淑娥. 日本灾害治理的动向、特点及启示：2018 年版《防灾白皮书》解读［J］. 日本研究，2019（4）：45-53。

传递灾害对策本部所需要的情报，完成法令或防灾计划规定的相关事务。

1.3.3　地方防灾计划

地方防灾计划由都道府县及市町村的防灾会议所拟定，是地区内各机关处理有关防灾事务的"总纲"。都道府县层次的防灾计划的主要内容包括灾害调查研究，教育训练，灾情搜集，灾害预防，预警，避险，灭火，防水，救援，救助及防灾救灾设施、设备、物资及资金的准备、储蓄、供应、分配、输送与通信等。市町村层次的防灾计划的主要内容与都道府县类似。

地方防灾计划每年按实际情况进行修订。修订时，都道府县应事先与总理大臣协商，市町村则是与都道府县知事协商，而且必须做到既不与防灾基本计划相冲突，也不能与防灾业务计划相抵触。

1.4　灾害管理对策

1.4.1　预防减灾对策

灾害预防管理的主要目的是防止可能的灾害发生，以及控制已经发生的灾害的影响程度。日本政府对灾害的预防管理十分重视，并通过法律的形式加以明确。《灾害应对基本法》规定，指定行政机关的首长，指定地方行政机关的首长，地方政府的首长以及其他执行机关、指定公共机关、指定地方公共机关与其他有实施灾害预防责任的人员，应建立健全灾害预防体制，做好灾害应对的组织准备，加强防灾训练，完善设施及设备的配备，储备必要的物资器材，并改善灾害应变时可能的障碍；灾害预防的责任人依法令或灾害应对计划的规定，加强对预防灾害的组织的管理，尤其是准备及改善灾害预测、预报及其他迅速传达灾情的组织；为使防灾相关事务或业务能迅速且稳妥地实施，在灾害发生时从事有关灾情传达、非常召集、非常勤务等事项职员的配置及服务基准等必须预先予以明确。

1. 国土保全

日本的国土保全事业包括了治山事业、治水事业、海岸事业、地质灾害对策事业、下水道事业、农田防灾事业、地面沉陷对策事业等长期由国家投资的基础公益事业。在 1962—1980 年，日本经济高速发展，日本的国土保全事业预算保持了稳定增长的趋势，实际投入比预算更高。在国土保全事业费中，治水事业费一直约占 60%，即与防洪工程建设相关的国家投资占据一般公共事业费的 12% ~ 15%。2016 年以来，因水灾害多发频发，给日本带来巨大人员和经济损失，日本内阁府加大了国土保全项目的实施力度，从 2019 年起实施"国土强韧化三年紧急计划"，2019 年新开工 160 个项目，预算规模达到了空前的 7.8 兆 ❶ 日元 ❷。

2. 监测预报预警

日本已建立覆盖全国的灾害监测预报预警体系，开展地震、暴雨、洪水、干旱、台风、火山监测，当灾害风险出现时，向居民发出预警，使当地居民尽早撤离以及灾害管理机构尽早采取行动成为可能。

在预警信息发布方面，2004 年，日本消防厅设立了全国瞬时警报系统 J-ALERT。日本政府（内阁官房、气象厅、消防厅）利用通信卫星可以直接向全国市町村传送紧急灾害信息，并自动启动无线防灾系统、有线广播电视系统、紧急短信系统等，即时向日本居民发布有关导弹、航空、恐怖事件等警报和海啸、地震等紧急灾情信息。人们还可以利用各种传输媒介，如广播、电视、互联网络、手机等直接获得可靠资讯，以使每一个居民都能及时了解应对突发危机的信息和方法，从而有效减少灾害损失。

日本《放送法》规定，当自然灾害即将或已经发生时，NHK（日本放送协会）作为"指定公共机关"，必须及时发布各种防灾信息。各类广播电视机构必须为防止灾害发生或减轻受灾程度做相应报道。日本政府通过广播、电视和卫星数据传输系统等播发地震相关警报。都道府县及市町村长官必要时可以要求 NHK 播放防灾信息。2011 年"3·11"大地震发生后，NHK 的 8 个电视台和广播频道立刻发出紧急地震信息，东京等各地电视台紧急中断各类节目，代之以 NHK 播送的速报。在其后的 3 天时间里，其他民间卫星电视频道、地方电视网、无线网络、推特、视频网站、雅虎、谷歌等也都相继投入灾害信息报道、安全信息提示等救灾业务。地震信息发出后，日本的消防、警察、交通、媒体、医院、学校等相关机构则立刻做好了应急出动准备。一些订阅了特殊预报服务的人通过手机短信和电子邮件及时收到了地震警报。

3. 信息通信系统

开发快速而准确的通信系统是快速发布预警信息的关键所在。日本的灾害管理组织建立了覆盖全国的灾害信息通信网络（图 1.6）：中央防灾无线网连接内阁府和各政府部门；消防防灾无线网连接全国的消防组织；都道府县和市町村防灾行政无线网连接地方灾害管理机构和居民。内阁府组织开发的中央防灾无线网（图 1.7）❸，可使防灾相关政府部门和公共机关通过一条电话热线使用电话和传真，并准备了图像传输电路，使灾害现场的照片也可直接通过

---

❶　1 兆 =1 万亿。

❷　平成 31 年度预算案·税制改正概要 [EB/OL]. http://www.bousai.go.jp/taisaku/yosan/pdf/r1_yosan_1220.pdf.

❸　姚国章. 日本灾害管理体系：研究与借鉴 [M]. 北京：北京大学出版社，2009。

直升机传输。此外，作为地面通信系统的备份，卫星通信系统也已建设完成。

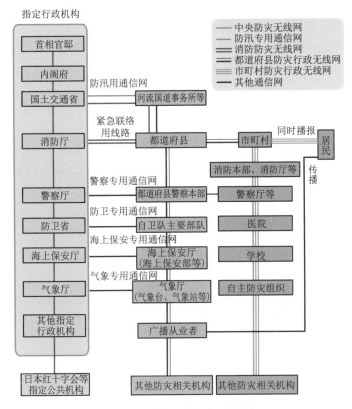

图1.6　覆盖全国的灾害通信网络

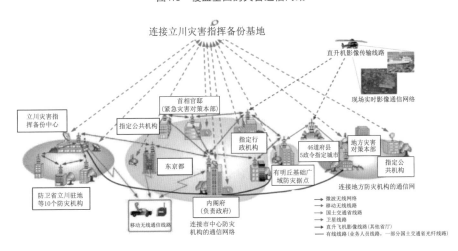

图1.7　中央防灾无线网网络图

23

4. 灾害指挥备份基地

出现大规模灾害时，当主要的防灾指挥部受损无法正常工作时，为了能够继续在大范围区域内快速和流畅地对应急、恢复和重建活动进行有机和安全的协调，日本建立了三个灾害指挥备份基地，分别位于立川市、有明地区、东扇岛地区。这些基地成为了中央政府应对大规模灾害的核心功能基地，立川市的灾害指挥备份基地布局如图1.8所示。

5. 转移避险指令的发布

发布预警时，政府可使用户外扬声器和入户收音机（图1.9）（日文称：户别受信机）向居民播发信息，特别是将海啸、严重天气警报已通过电视台、电台广泛向居民提供❶。通过反思总结2011年"3·11"大地震人员转移命令发布的灾害教训，2012年日本政府对转移避险指令发布、流程重新进行了全面的评估，要求都道府县、市町村重新判定避险劝告等的发布标准，同时要求地方政府要有充分的灵活性，随机行事，关键时刻不必拘泥于防灾预案，紧急情况下可通过各种渠道发布（图1.10）。

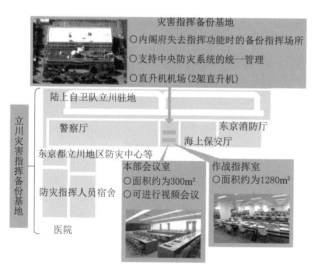

图1.8 东京都立川市灾害指挥备份基地❶

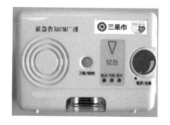

图1.9 入户收音机❷

---

❶ 令和元年版 防災白書[EB/OL]. http://www.bousai.go.jp/kaigirep/hakusho/h31/honbun/index.html。

❷ 避難行動要支援者の避難行動支援に関する取組指針 [EB/OL]. http://www.bousai.go.jp/taisaku/hisaisyagyousei/youengosya/h25/hinansien.html。

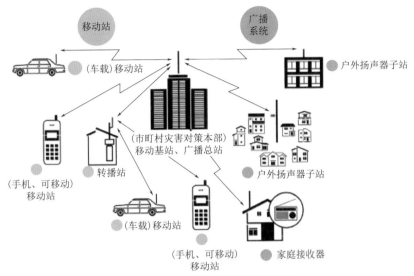

图1.10　市町村信息采集和发布渠道

6. 对民众灾害援助

对受灾害的人员进行信息援助和避险援助是政府的基本职责。日本政府建立了在平时及灾害发生时向避险支援者提供信息的制度，内阁府于 2006 年颁布了《灾害时需要援助者的避险支援指南》《避難行動要支援者の避難行動支援に関する取組指針》，指南明确：①改进通信系统；②共享灾害期间请求援助的人员信息；③为请求援助者制定切实可行的转移避险计划；④在避险中心避险；⑤相关组织之间进行协调。

日本已进入老龄化社会。对于老年人而言，即使收到避险信息，仅仅依靠自身能力也难以实现迅速避险。特别是对患有阿尔茨海默病的人群而言，在灾害发生时无法理解外界信息，只能在原地等待救援。如果救援力量不足或未能及时抵达，老年人很有可能遭遇事故。如何照顾和救助灾害事故中的弱势群体的问题，引起了日本社会的重视。为此，日本政府在 2017 年修订《防灾基本计划》时，考虑到老年人群在防灾减灾中的困难，规定灾害发生时要明确避险对象，简化避险指示内容。在发布避险指示时，针对不同人群发布简单易懂的避险指示。针对需要支援的老年人群，在灾害预防和事前准备阶段确定援助名单，灾害发生后明确发布"避险指示（紧急）"和"避险准备：老年人等开始避险"的信息，指示老年人群以及相关人员帮助老年人迅速避险。

除了老年人群，日本近年关注的灾害弱势群体还包括在日本短暂逗留的外国人员。由于日本政府大力提倡"观光立国"，访日游客人数不断攀升。外国游客在日期间，也有可能遭遇突发灾害。灾害发生时，外国游客可能会因为语言不通、地形不熟等困难无法及时避险。如何有效引导外国游客避险和保障游客回国的交通等就成为一个现实问题。日本总务省为了促进灾害发生时与在日本逗留外国人的沟通，2016 年投入 1.26 亿日元用于开发多语言翻译机器和翻译应用软件。为了迎接 2020 年东京奥运会，日本国土交通省又推出了多国语言版本的防灾预警信息发布网站❶。日本政府及地方政府都加强了针对在日外国人的防灾引导工作，例如，在酒店前台为外国游客提供多国语言的避险手册，在地铁、电车等公共场所为外国游客提供免费无线网络，以便在灾害发生时及时发布灾害信息，并通过多国语言的避险广播，切实做好防灾信息传播，减少不必要的人员损失❷。

7. 宣传教育

日本之所以能够顺利推动减灾防灾工作，还得益于日本居民的强烈防灾意识和日常防灾习惯。然而，这种防灾意识和防灾习惯并非与生俱来，而是依靠政府和社会各界持续的宣传与教育。

（1）政府层面。各级政府部门及社会团体根据本地区有可能出现的灾害类型，编写形式多样、通俗易懂、多国语言的应急宣传手册，免费向公众发放，普及防灾避灾常识。同时，社区积极组织居民制作本地区防灾地图，使居民了解本地区可能发生的灾害类型、灾害的危害性、避险场所的位置、正确的撤离路线，真正做到灾害来临时沉着有效应对。

日本政府于 1982 年决定将每年 9 月 1 日定为全国防灾日，防灾日当天会举行全国性的"综合防灾演练"，联合防灾部门、各级政府及国民进行演练，培训工作人员掌握如何提高防灾意识及如何组织救援等防灾业务❸。社区、学校、医院等也通过举办防灾训练以及研讨会等交流经验，普及防灾知识，提高整个社会的防灾能力。除了防灾日，还会在防灾和志愿者日（1 月 17 日）、防汛月（5 月，北海道 6 月）、河流日（7 月 7 日）、下水道日（9 月 10 日）、海啸防灾日（11 月 5 日）、防灾周（8 月 30 日—9 月 5 日）等开展大规模宣传教育。

（2）学校层面。从幼儿园开始，到小学、中学，各级教育机构都注意向学生灌输防灾知识。各都道府县教育委员会一般都编有《危机管理和应对手册》《应急教育指导资料》等教材，用于指导中小学开展灾害预防教育。日本中小学灾害教育实施的最大特点在于依托家庭、社团、社区、政府等广阔的社会背景，通过 DIG 图上训练和防灾生活体验培养学生的"防灾想象力"（预测本区域可能发生的灾害种类、易发生灾害的地点及灾害发生后的状况）；通过防灾运动会、

❶　参见 http://www.mlit.go.jp/river/bousai/olympic/index.html。
❷　熊淑娥.日本灾害治理的动向、特点及启示：2018 年版《防灾白皮书》解读［J］.日本研究，2019（4）：45-53。
❸　姚国章.日本灾害管理体系：研究与借鉴［M］.北京：北京大学出版社，2009。

灾害游戏、防灾实践演练等途径培养学生的"实际应对力"（灾害发生时的自助、互助能力，灾害后参与社区重建能力以及心理抗逆能力）；通过学科教学让学生了解灾害发生的原理以及相关防灾知识，构建他们的"学习力"以促使其有效终身学习；通过防灾运动会、灾害游戏以及与社区合作等途径让学生在日常生活中养成防灾习惯，积极参与学校和社区防灾实践、制定并实施防灾对策，防患于未然，从而培养学生自助、互助的"行动力"。

（3）社会层面。为有效应对突发自然灾害,社会公众不仅需要具备防灾知识，还必须掌握防灾自救的基本生存技能。日本国民在日常生活中一般都严格遵守防灾规定。他们一方面按照国家标准，加强自住房屋的抗震性能，检查室内家具的安全性和稳固性，同时还在家里储备必要的应急食品、用品和药品。为促进公众参与防灾救灾活动，1996 年，日本政府规定每年 1 月 17 日为"灾害和志愿者日"，1 月 15—21 日为"灾害管理志愿者周"，努力唤起人们积极参与抗灾救助的互助精神。在阪神大地震中，日本各地志愿者达到 130 万人。因此，1995 年被称为"志愿者元年"。

近年来，日本建立了许多防灾体验馆，包括地震海啸体验馆、大型降雨体验馆、泥石流体验馆、风速体验室、VR 避险模拟体验馆等。国民通过"大型降雨试验设施"体验到不同程度的降雨，对降雨等级有了深刻认识，借此了解到什么等级的降雨会给人们带来危险 [图 1.11（a）]；通过"洪水堵门体验装置"，体验洪水淹到门哪个位置门无法打开，感受水的力量 [图 1.11（b）]。

（a）1小时300mm降雨强体验❶   （b）体验水压力❷

图1.11　通过体验提升防灾意识

---

❶　防災科学技術研究所　大型降雨実験施設［EB/OL］. http://www.bosai.go.jp/study/inspect/facilities/。

❷　関西大学　体験しよう! 水害時の避難［EB/OL］. http://www.kansai-u.ac.jp/global/guide/access.html。

知识链接 3

通过宣传教育而产生的防灾效果——2011年东日本大地震案例❶

　　2011年东日本大地震重灾区姊由地区的村民由于听从了祖先的教训，把房屋建在历史记录的海啸最高水位之上，结果在这次海啸中无一人伤亡。同样，东日本大地震中的釜石奇迹也归功于釜石市有效地融灾害文化于学校灾害教育活动中。为了有效传播灾害文化，釜石市东中学在2011年东日本大地震前就积极开展各种各样的文化活动，比如，开展防火等相关训练、制作防灾地图、把能在房门上悬挂的安危符（写有避险所）和印有三陆地震海啸（1933年）图片以及印度洋海啸（2004年）动画的防灾指南发放给当地居民，这些都让学生对海啸的威力产生了切身体会，并让孩子们深刻明白"假设的灾难随时都可能发生""呵护生命要靠自己"等道理。正因为灾害文化对学生不断地熏陶和渲染，东日本大地震发生的当天，釜石市东中学的学生判断大地震后必有海啸，于是全体向地势较高的地方避险。起初他们逃到的是被海水浸泡的只有三层楼高的学校建筑物，但是他们发现这一位置不足以保障安全，学生们再次果断做出判断，疏散到更高地势。事实证明，这种果断的判断把伤亡率降到了最低。

　　8. 防灾训练

　　防灾训练不仅能锻炼各单位的防灾减灾的实战能力，而且能及时发现和纠正现行防灾体制中存在的问题与不足，还可以增强民众的防灾意识和防灾理念。因此，国家及地方政府每年都要举行各种形式的防灾演练。一些大企业、机关则经常举行各种形式的防震、防火演习。

　　内阁府每年都要发布年度防灾训练大纲，大纲明确了国家防灾训练的目的：

　　（1）确认、评价防灾相关机构组织体制、功能等，验证实效性。

　　（2）确认灾害发生时各防灾机关职责和相互合作的实效性，强化国家和地方政府、组织的合作和指导关系。

　　（3）查找防灾预案的脆弱点，谋求防灾预案持续改善。

　　（4）提高个体的防灾避险意识和自救技能，明确灾害时"自己应该做什么"。

　　（5）实现行政机关、企事业单位的防灾人员的自我钻研、自我启发，提高灾害应对能力。

　　在演练的准备阶段，确认国家机关、地方政府机关、公共机关、地区居民等各自的角色，努力发现防灾组织体系中的问题，验证防灾组织体系的有效性。

---

❶　杨洪亮. 日本中小学灾害教育研究［D］. 重庆：西南大学，2017。

演练的方式一般有两种，包括通过调动人员和物资等实际行动演习和现场提供信息让参加者进行判断的桌面演习等，需要采取对实际情况进行判断和行动的方式确定演练方式。

在演练结束后，通过对演练计划制定过程中发现的问题的分析、参加者的意见交换、听取演练参加者对演练的意见等方式，客观地分析和评价演练。在发现问题的基础上，按照实际情况的需要，修改和完善演练的方法和防灾指南等，努力保持和完善具有实效性的防灾组织体系。

 知识链接 4

2018年防灾训练大纲要点[1]

1.年度训练方针

（1）针对东日本大地震等跨区域大范围灾害的防灾减灾能力提高的训练。

（2）务实、有针对性的训练。

（3）各部门、各单位联合训练。

（4）防灾减灾各部门配合、合作训练。

（5）组织社会各界积极参加训练。

（6）男女共同参与训练，从需要帮助的群体角度出发组织训练。

（7）在防灾训练之前进行用于掌握灾害对应所需的知识和技能的研修等，努力在训练中确认并验证其成果。

（8）国家对地方训练提供帮助和指导。

2.年度训练任务

（1）关于地震、海啸灾害的防灾训练。

1）在日本全国"防灾日"，模拟大地震情景，由以政府总理大臣为首的全内阁召开的紧急灾害对策本部会议演练。

2）九个县市联合防灾联合演练。

3）全体内阁委员的徒步集结开会演练。

4）国家紧急情况应对指挥部运转演练。

5）国家紧急情况应对现场指挥部运转演练（图上训练）。

6）自卫队联合演练、地方警察局远程投送联合演练、消防部队联合演练。

---

[1]　平成30年度総合防災訓練大綱［EB/OL］. http://www.bousai.go.jp/taisaku/kunren/h30.html.

（2）关于台风、洪水的防灾训练。

1）大规模综合防汛演练。

2）大规模水灾应对图上训练。

3）针对大规模地质灾害的全国防灾训练。

（3）核电站泄漏事件处置、医疗队伍远程调动、交通保障等。

1.4.2　应急处置对策

当重大灾害发生时，在尽量充分掌握灾害信息及变化情况的基础上，应及时成立灾害对策机构，统一协调灾区各专业防灾机关和公共机构，根据现场灾害情况和防灾救援计划，立刻组织灾害救助工作。经过多次自然灾害和公共安全危机事件的考验，日本确立了由紧急对策机构与专门防灾机关、综合防灾会议共同组织的指挥决策系统。从紧急对策机构组建到专业防灾机关的紧急行动，从中央防灾担当大臣到地方公共机关的防灾专员，从中央防灾会议到地方各级防灾会议，各级机构防灾人员既各负其责，又密切配合，推进灾害管理工作有序开展。

按照《灾害对策基本法》规定的灾害应对程序，当发生灾害或有发生灾害的可能时，当地的市町村长官作为受灾地区的第一责任人，全权组织现场救助活动。对于非常灾害、重大紧急灾害，除了由"非常灾害对策本部""紧急灾害对策本部"统一组织协调之外，现场对策本部长作为受灾地区的第一责任人直接指挥现场救援活动，并将灾情状况呈报第二层级的都道府县，同时转报中央。同时，都道府县与中央政府应视情况派遣人员至灾区现场。如果灾害已发展到一定的程度，符合设立都道府县层级"灾害对策本部"的条件，立即在都道府县层级设置"灾害对策本部"，执行各项灾害抢险和救援的组织指挥事宜。

如果发生的灾害经认定是重大灾害，有必要推动制定灾害应急对策，内阁总理大臣（首相）于内阁内设置"非常灾害对策本部"，统筹调度指挥灾害应对指挥事宜。如果发生的是显著异常且特别激烈的大规模灾害，总理大臣须经内阁会议决议后于内阁设置"紧急灾害对策本部"。无论是"灾害对策本部""非常灾害对策本部"，还是"紧急灾害对策本部"，都可视灾情于灾害现场设立"现场灾害对策本部"（图 1.12）。

在灾害应急对策实施的过程中，《灾害应对基本法》给处在灾区现场的市町村长赋予了广泛的权力，并要求其作为第一责任人来实施灾害应急处置活动。都道府县作为市町村的上级政府，应实施广域性、综合性的灾害应急处置活动，同时应协助及调整市町村以及指定地方行政机关实施防灾业务。

　　应地方请求，中央对地方可实施技术支援、情报信息支援、物资支援、财政支援、受灾群众心理疏导援助。2018 年发生西日本大洪水灾害,受灾范围极大,日本还首次实施了对口帮扶等措施。

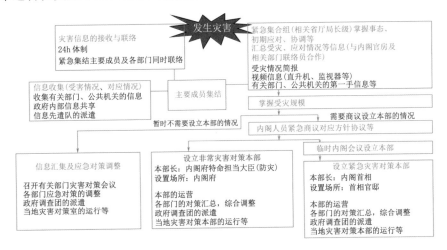

图1.12　灾害发生时内阁府设置"非常灾害对策本部"

1.4.3　灾害恢复对策

1. 恢复重建措施

　　恢复重建的目的是帮助受灾人群尽快恢复正常的生活，与此同时，要使公共设施的建设恢复到特定水平以减轻未来的灾害的影响，从而使受灾区域能具有更强的抵御灾害的能力。2017 年日本九州北部山洪地质灾害发生后，日本各省厅分别出台洪水灾害治理措施。2017 年 8 月 8 日，农林水产省公布了《对 2017 年梅雨期暴风雨引发的农林水产相关损失支援政策》，派遣农林水产省职员前往灾区进行技术支援，核定灾害等。国土交通省制定了《九州北部紧急治水对策项目》，计划 5 年内开展河流治理等水防项目，提高治水能力，减少灾害损失 ; 并且在对全国中小河流实施紧急检查的基础上开展"中小河流紧急治水对策项目"，计划 3 年内在所有中小河流设置高效围堵泥石流和漂流木的防砂堰堤，为减少房屋和重要设施淹水开展河道清理，设置低成本的洪水专用水位计（危机管理型水位计）。林业厅也实施了《防止木材漂流灾害的紧急治山对策项目》，在全国 1203 个地区设置防洪坝，砍伐不必要的木材，减少下流区域因木材漂流造成的损失 ❶。

---

❶　平成 30 年 7 月豪雨災害における被災者支援の取組み［EB/OL］. http://www.bousai.go.jp/taisaku/hisaisyagyousei/pdf/180715_hisaisyashien_torikumi.pdf.

2. 财政金融措施

　　财政预算也是灾后重建工作能否顺利开展的重要条件。日本的《灾害对策基本法》中专门有"财政金融措施"的章节，对各种情况下中央和地方政府的经费支出义务、灾害应对的财政措施和金融措施等作出了详尽的规定，是对防灾减灾投入最根本的制度保障。

　　灵活运用财政金融手段支持受灾群体进行灾后重建也是日本防灾减灾的重要经验之一。一方面，相关行政机构及政策性银行在进行灾害融资方面形成了细致化的分工。日本政策金融金库（JFC）是日本国家层面专门面向中小企业、农林企业以及小规模企业进行融资的政策性银行。在灾害发生时，日本政策金融金库专门负责向中小企业、农林企业以及小规模企业进行灾害融资，帮助相关个体应对灾害事件，积极进行灾后重建。中央金库专门向受灾的中小规模企业提供较低利率的灾害融资，帮助中小企业进行灾后重建。独立行政法人福祉医疗机构专门针对受灾地区的医院重建进行贷款，帮助受灾地区尽快恢复医疗保证能力。独立行政法人住宅金融支援机构则专门针对受灾地区的房屋重建进行贷款，帮助受灾国民重建家园。日本财务省也会在灾害性事件发生时，向受灾地区拨付专门的减灾救灾贷款，以帮助灾区进行重建。另一方面，相关公共机构也是推动灾区灾害融资的重要力量。日本私立学校振兴共济事业团会在灾害性事件发生时对私立学校提供较为宽松的融资条件，帮助私立教育机构尽快恢复正常的运行。信用保证协会则专门向中小企业者提供灾害融资。特别是在发生严重灾害事件时，全力保障中小企业者的融资需求。除了金融安排以外，日本政府还通过《地方税法》《地方税法施行令》等法规中的特定安排，对防灾减灾设施建设的资金进行相应的税收减免，以进一步推进防灾减灾设施的建设与普及。

 知识链接 5

防灾 4.0——未来防灾体系 ❶❷

　　二战后，日本一共发生了三次大规模灾害，分别是伊势湾台风、阪神大地震和"3·11"大地震。基于这三次灾害的经验教训，日本政府制定了防灾 1.0，并做了 2.0 和 3.0 的升级，2016 年又提出了防灾 4.0 设想。

　　（1）防灾 1.0——"日本防灾基本体系"。1959 年 9 月，强台风横扫

　　❶ 「防災 4.0」未来構想プロジェクト [EB/OL]. http://www.bousai.go.jp/kaigirep/kenkyu/miraikousou/index.html.

　　❷ 参考 https://www.keguanjp.com/kgjp_keji/kgjp_kangzai/pt20190311060004.html.

伊势湾，沿岸住民 5 千余人丧生，近 4 万人负伤。灾后，日本政府认识到，缺乏统一的防灾制度和体制也是灾害损失严重的原因之一，在其后 3 年内构筑了防灾基本体系。1961 年出台《灾害对策基本法》，明确了政府的防灾职责，并由政府主导制订了综合长期防灾规划；1963 年公布了全国防灾基本计划。这就是防灾 1.0。这个版本一直沿用到阪神大地震，一共使用了 30 多年。

（2）防灾 2.0，给"强震破坏"的漏洞打补丁，新增了"灾害应急"机制。1995 年 1 月 17 日，阪神大地震震塌了多地的建筑与设施，并与次生火灾一起共造成 6400 余人丧生。当时的日本内阁因应急机制不完善、对应迟缓而遭到日本国民的批评。同年，日本政府制订出台了《地震防灾对策特别措施法》《建筑物抗震加固促进相关法律》，建筑物抗震化也被规定为强制性义务。与此同时修订了《防灾基本法》，新增了"自主防灾组织活动的环境整备"和设置以内阁总理为总指挥的"紧急灾害对策本部"等条款，以保证在灾害突发时政府能迅速应对。这就是防灾 2.0。

（3）防灾 3.0，给"想定❶外"的黑天鹅巨灾打补丁，新增了"核能管理"功能。2011 年，东日本近海发生 9 级的巨大地震和海啸，造成了巨大的人员和财产损失。海啸破坏了福岛第一核电站的供电系统，导致原子炉堆芯熔融的国际最高级别核事故的发生。之后，日本政府发言人也多次使用"想定外"一词，以示政府虽尽了力却也无奈的姿态。日本政府在反省对"想定外"巨大灾害考虑不足的教训时，听取了专家学者们的建议，在防灾体系里导入了"减灾"对策。在其后的几年里，各省厅与防灾相关的法规也都做了相应的修改；2012 年，成立了核能管理委员会，改订了相关政策与法规。

（4）2016 年 6 月，日本内阁府公布了一项防灾专家们的提案《防灾 4.0——未来防灾体系构想》。从防灾 1.0 的发行，到 2.0、3.0 版本的升级，日本经历了经济高速发展期、防灾和基础设施的大兴土木，降低了自然灾害对国民的威胁和伤害。而这次将要升级到的防灾 4.0，却与前 3 个版本有着许多不同。

防灾 4.0——未来防灾体系设想的背景是地球变暖，极端气象现象增多，灾害的规模与频率都在增大；之前灾害是"想定外"，今后"想定外"的灾害可能层出不穷；国家防灾和基础设施都已进入老龄化，需要维护加固；人口出生率降低，老龄化也导致了税收逐年递减。信息技术进入了一

❶　想定即假定、假设。

个突飞猛进的时代。

防灾 4.0——未来防灾体系包括以下方面：

1）中央政府与地方政府、企业、国民个人紧密合作，构筑多样主体参与和自律的防灾体系。提高社区的自主防灾能力，鼓励自发购买保险，加入互助组织。进一步探索大规模水灾跨区域的避险方式。

2）企业发挥更重要的作用。提高企业对自然灾害风险的认识，发挥"业务连续性计划 BCP"在灾害治理中的作用。"业务连续性计划"是一种基于业务运行规范的管理体系和规章制度，使一个组织在面对地震和洪水等自然灾害、传染病、重大事故等突发事件时，可以迅速应对，确保相关功能可以发挥作用的计划。加强政府和企业之间的信息和网络合作。

3）利用信息技术提高防灾信息化水平。加强人造卫星和无人机等新技术应用，充分发挥社交媒体在防灾减灾中的价值，提高预警信息的指导力和公信力，促进民间创意创造在防灾体系中的应用。

1.5　灾害救援体系

1.5.1　专业救援组织

消防厅、警察和自卫队是战后日本专业灾害救援的三大组织，三者职能各有不同。

消防厅隶属于总务省，是负责火灾、地震、台风、水灾等灾害救援的专业机构。《消防组织法》第一条规定，消防的任务是利用消防组织和人员保护国民生命、身体及财产不受火灾侵害，预防和消除水灾、火灾和地震等灾害，减少灾害损失和运送灾害受伤人员。发生紧急灾害时，消防厅负责派遣紧急消防援助队参与救援，并及时收集、整理、发布灾害信息，保持与日本内阁府、相关省厅及地方政府的联络和沟通，应地方政府和内阁府的要求，还可组织跨区域长距离救援活动。消防救助队员除了参加人员救援活动外，平时还组织各种消防演练、消防培训和消防检查。日本的消防人员分为专职消防队员和地方公务员兼职消防团员两种。目前，日本全国有各种消防机关 807 个，专职消防队员 16 万人，兼职消防团员 90 万人❶。

消防厅与地方水利、气象部门建立了信息共享通道，水利、气象部门向市町村政府发布预警信息时，同时向消防部门发布，消防部门也面向公众传播并

---

❶　参见 http://www.fdma.go.jp/neuter/about/。

做好救援准备。消防厅还负责建设日本全国的防灾预警通信网络，包括中央防灾无线和全国瞬时警报系统 J-ALERT。日本政府（内阁府、国土交通省、气象厅、消防厅）利用预警发布网络可以直接向全国市町村传达灾害预警信息。

《警察法》第二条规定，警察的任务是保护个人生命、身体及财产安全，预防、镇压及搜查犯罪，逮捕嫌疑人，管制交通及维持公共安全和秩序。2012 年日本设立警察灾害派遣队，负责收集情报、通信联络、引导避险、辨别移交遗体、搜救人员、维持治安和发布灾害信息等。

搜索救援中的海事救援由国土交通省管辖的海上保安厅负责，山地救援由消防和警察联合负责，必要时会请求自卫队协助搜救。此外，专门抢救伤员的灾害派遣医疗组同各防灾组织合作开展医疗活动。

作为执行"专守防卫"的日本自卫队，同样肩负着灾害危机处理和救援义务。在发生重大灾害等紧急状态时，都道府县知事或灾害对策本部可以向防卫大臣或其指定的代理人提出书面申请，或通过电话等通信手段直接提出自卫队派遣申请。防卫大臣或自卫队长官根据申请内容和实际需要，可以向灾区派遣灾害救援部队，参与灾害救援活动。当发生 5 级以上地震等紧急灾害情况时，即使尚未接到地方派遣要求，自卫队长官也可以派遣自卫队进行信息收集和开展救援活动。自卫队提供的灾害救援范围一般比较广泛，包括搜寻和营救伤员，防洪抗险，预防疫病蔓延，供应饮用水和食品，运输人员和物资等。此外，基于防灾派遣相关计划，自卫队经常对自卫队员开展防灾教育，积极参与国家和地方政府组织的灾害救助训练和防水、防火训练，增强相互之间防灾救灾的协调能力。日本自卫队总人数为 24 万人，平均每年派遣自卫队员参与各种救灾活动达 500~800 人次。阪神大地震时期，自卫队共派遣人数达 225 万人次。"3·11"东日本大地震时期，派出自卫队救助人员超过 1000 万人次。

虽然日本有数量众多的专业救援队伍，但是，重大灾害发生后，受灾地区对消防、医疗救助、人员搜救和维持治安的公共服务需求急剧上升，而且灾害规模越大，公共救助服务无法满足实际求援需求的可能性越大。

1.5.2　协同救援机制

对 1995 年阪神大地震救援主体的调查结果显示，34.9% 的人依靠自救获生，31.9% 的人依靠家人获救，28.1% 的人依靠朋友和邻居获救，依靠救援队获救的人仅有 1.7%。阪神大地震后，日本社会开始形成一种共识，即必须依靠本人和家人的力量来保障生命财产安全的"自助"，依靠邻居互助及民间组织、志愿者团体等力量互相帮助、共同进行救助救援活动的"共助"，和由国家、都道府县、市町村、行政相关组织等公共机构进行救助救援活动的"公助"必须协同一致，发挥合力，才能将灾害损失降低到最小范围。阪神大地震以前，国家、地方政府等的公共救助是《灾害对策法》的主要内容，后来为了最大限度地减轻灾害损失，民间组织的"共助"和国民个人的"自助"也被纳入法律中，成为一种义务。此后，日本政府把应对大规模灾害，提高国民在暴雨侵袭、火山爆发等灾害时的"自助"和"公助"意识当成一项紧急任务，在各个层面开展不同活动。

2015 年联合国世界减灾大会发表了《2015—2030 年仙台减轻灾害风险框架》，规定各国对开展防灾减灾的市民、企业、志愿者、社区、学术界等相关组织和个人进行奖励。为此，由首相担任会长的中央防灾会议设立"防灾推进国民会议"，以此为中心在全社会继续开展多项提高国民"自助""公助"意识的防灾教育活动。2017 年 11 月 26—27 日，"防灾推进国民会议"与由不同防灾组织组成的"防灾推进协议会"，在宫城县仙台市共同召开了"防灾推进国民大会 2017"，大会的主题是"预防大规模灾害——共同协作全力防灾"，明确了推动全民协作共同防灾的会议目标。2017 年 12 月 8 日，第 3 届"防灾推进国民会议"在首相官邸召开，首相代表主办方致辞时表示"日本特别容易发生灾害，为了克服灾害，需要同广大国民共享防灾减灾理念，全面提高国民防灾意识，必须保护每一个国民的生命安全"。除了宣传全面防灾的重要性之外，各级防灾责任主体每年还定期开展各种防灾演练，通过训练加强防灾教育。2017 年内阁府制定了《2017 年度综合防灾训练大纲》，根据大纲要求，在 9 月 1 日"防灾日"举行了"首都圈直下型地震模拟演练"，首相及全部内阁成员徒步到首相官邸集合参加演练，并对部分媒体公开了演练内容。同日在神奈川县小田原市还举行了九县联合防灾演练，首相从官邸搭乘直升机抵达演练现场，与当地护理学校学生共同参加喷水灭火演练。

2002 年内阁府实施的"自助、共助和公助中应该重点实施的防灾对策"舆论调查结果显示，24.9% 的人回答应该重点实施"公助"，但是在 2017 年调查中回答"公助"的人减少了 6.2%。另一方面，回答"自助"的人从 2002 年的 18.6% 提高到了 2017 年的 39.8%，同期回答"共助"的人从 14.0% 提高到了 24.5%。在 2017 年的调查中，18~29 岁的人群回答"自助"的占 25.0%，回答"共助"的占 31.0%；而在 70 岁以上人群中，回答"自助"的占 51.2%，回答"共助"的占 22.3%。这项调查结果也表明不同年龄群对"自助"和"公助"重要性的认识有所不同，年龄越大越重视"自助"。

此外，日本各地还成立了许多群众自发组织的防灾救灾团体，如消防团、水防团、防火俱乐部等。这些自发的群众性组织以"自己的家园自己守护"为基本理念，经常性地进行各种防灾训练，普及防灾知识，检查安全隐患，保管与维修防灾器材。一旦发生灾情，他们可以立即投入初期救灾、疏散居民、抢救伤员、收集和传递信息等工作，这对防止灾情扩大和二次灾害发生起到了不可或缺的作用。

1.6　本章小结

（1）历经多年探索、检讨、修正，日本逐步建立了以首相为最高指挥官、内阁府负责整体协调和联络、通过中央防灾委员会等制定对策、业务部门具体承担的中央、都道府县、市町村三级应急管理体制。

（2）在中央一级，由中央防灾会议负责制定防灾基本计划和防灾业务计划。在地方一级，地方根据国家防灾基本计划的要求，并结合本地区的特征，制定本地区的防灾减灾计划。中央政府向地方提供技术、信息、资金、物资等支持。

（3）发生重大灾害后，内阁府成立灾害对策本部进行统筹调度，视灾情在灾区设立现场指挥部，以便就近指挥。内阁府作为应急管理中枢，承担汇总分析日常预防预警信息、制定防灾减灾政策以及中央防灾会议日常工作的任务。政府各相关部门按照防灾业务计划和有关法律，具体负责突发灾害的预防和处置。

（4）日本的灾后反思调查，灾害救援自助、互助、公助协同，学校防灾宣传教育课程，灾害体验馆建设、全国防灾训练大纲制定和组织实施等机制做法对我国正在完善的应急管理体制机制建设具有极好的借鉴价值。

第 2 章

洪水管理体制

日本洪水管理是自然灾害应急管理体制的重要组成部分。国土交通省和都道府县政府建立了一套相对完整,并不断完善的洪水管理体制。但近年来,在全球气候变暖的大背景下,日本的降水观测记录表明,易于引发洪水的暴雨有发生更为频繁的倾向。虽然洪水风险图实现了全覆盖、预报预警越发精细化,但仍防不胜防,几乎每年都有导致几十人死亡和重大经济损失的洪水灾害。严峻的防灾形势迫使日本水灾害主管部门从灾害中反思总结,把超标准洪水作为防御的重点,动员全社会的力量,加速调整洪水管理体制。

2.1 洪水灾害基本情况

由于日本国土狭小,延伸方向又与秋季台风走向大体一致,且与台风覆盖的尺度大致相当,一次强台风就可能引发全国 100 多条主要河流的洪水,因此易于形成全国性的大水灾。在全球气候变暖、世界各地气温上升的情况下,以温带和亚热带季风气候为主的日本,夏季炎热,容易发生台风暴雨。近年来日本水灾问题日趋严峻。

2.1.1 近年的主要灾害

1. 2014年广岛山洪地质灾害

2014 年 8 月 19 日晚上至 8 月 20 日凌晨,由于短时强降雨,广岛县安佐北区及安佐南区(图 2.1)多地发生严重的山洪、泥石流灾害,导致 74 人死亡、46 人重伤、22 人轻伤,4769 栋房屋局部或完全被毁。

　　泥石流发生的原因是超历史纪录的强降雨，安佐北区三入雨量站测得 20 日凌晨 4 时 1h 降雨量为 101mm，凌晨 1 时 30 分至 4 时 30 分降雨量为 217.5mm。广岛县气象台于 20 日凌晨 1 时 15 分发布了土砂灾害警戒情报，但由于灾害发生在凌晨，大雨中人员不愿转移避险，灾害造成了大量人员伤亡。❶

图2.1　广岛县安佐南区灾害情况

2. 2015年鬼怒川洪水灾害

　　受 18 号台风"艾涛"影响，2015 年 9 月 10—11 日，关东、东北等东部地区普降暴雨，有 16 个地点 24h 降雨量打破了历史纪录，暴雨造成茨城县等地多条河流泛滥。

　　9 月 10 日中午，鬼怒川溃堤，决口约宽 140m，洪水淹没面积达 40km²，占到了茨城县常总市总面积的 1/3，约 1 万栋房屋不同程度进水，洪水淹没附近大量农田、道路和民宅，洪水最深处达 5m，常总市政府大楼也被洪水淹没（图2.2）。鬼怒川堤防溃决后，自卫队和消防力量组织了大规模救援行动，通过直升机救援 1339 人，通过冲锋舟救援 2919 人。

3. 2016年北海道和东北地区洪水灾害

　　2016 年 8 月 21 日，第 10 号台风"狮子山"途经四国地区北上抵达关东地区，最终在岩手县登陆。10 号台风不仅是日本气象厅从 1951 年开始观测以来首次观测到的从东北地区太平洋一侧登陆的台风，而且在登陆后加速通过东北地区和日本海，形成了独特的台风路径。台风带来的暴雨在短时间内袭击了东北和北海道地区，北海道上士幌町 29 日 0 时至 31 日 4 时累计降雨量为 286.0mm，远超过往年 8 月一个月的降雨量。

---

❶　平成 26 年 8 月 20 日に発生した広島市土砂災害の概要 [EB/OL]. http://www.bousai.go.jp/fusuigai/dosyaworking/pdf/dailkai/siryo2.pdf。

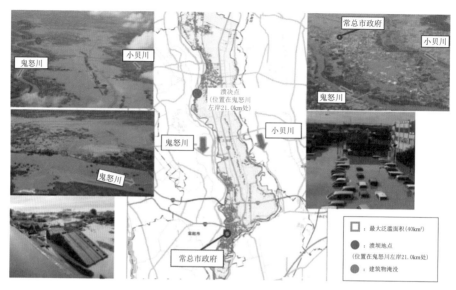

图2.2　鬼怒川溃堤淹没范围[1]

　　岩手县多地发生严重的山洪灾害，岩泉町中心地区等地被水淹，多处道路被阻断。因暴雨和洪水死亡和下落不明者达到 27 人，其中北海道 4 人，岩手县 23 人。特别是岩手县岩泉町一家接收阿尔茨海默病患者的养老院受到小本川山洪的侵袭，入住的 9 名老人全部死亡（图 2.3）。

图2.3　岩手县岩泉町养老院受灾图[2]

4. 2017年九州北部山洪灾害

　　2017 年 7 月 5—6 日，受第 3 号台风"南玛都"和梅雨季节湿润气流的影响，

---

　　[1]　平成 27 年 9 月関東・東北豪雨災害の概要 [EB/OL]. http://www.bousai.go.jp/fusuigai/suigaiworking/pdf/dai1kai/siryol.pdf。

　　[2]　参见 https://irides.tohoku.ac.jp/media/files/event/event/houkokukai/20170312_6yearsympo_3_moriguchi.pdf。

日本九州岛北部福冈、大分县多地出现了超历史极值的强降雨，最大 1h 降雨量为 129.5mm，最大 24h 降雨量为 545.5mm，强降雨导致多地出现严重的山洪灾害，1200 多户家庭房屋受损，41 人死亡失踪，40 余万人转移避险，是近年来日本发生的最严重的山洪灾害之一。其中筑后川右岸支流多处决堤，洪水携带的大量土沙和流木导致河道堵塞❶（图 2.4）。

此次暴雨山洪灾害事件共造成 37 人死亡，4 人失踪，其中朝仓市 35 名、东峰村 3 名、日田市 3 名，有 22 人是在赤谷川流域（筑后川右岸的一条支流）内遇难。静冈大学牛山教授的灾害调查结果资料表明，此次暴雨导致的人员伤亡情况呈现出 4 个特点：①遇难者老年人居多；②暴雨引发的山洪地质灾害是人员死亡、失踪最主要的原因，其中，因溪河洪水死亡、失踪 18 人，因泥石流和滑坡灾害死亡、失踪 23 人；③从遇难场所来看，大部分遇难者是在屋内遇难，屋内遇难者的房屋也全部被毁；④从是否采取避险行动来看，只有少数遇难者（5人）是在避险过程中遇难，其他提前避险的人员中没有遇难者，据此可以推测遇难者基本是没有采取避险行动或不知道应如何避险的人员。

图2.4　流木堵塞桥梁导致洪水改道

5. 2018年西日本大洪水

2018 年 7 月，受梅雨和 7 号台风"派比安"影响，日本大部分地区发生了超历史纪录的特大降雨，给日本造成重大人员伤亡和重大经济损失。这次梅雨、台风、暴雨洪水灾害是日本自 1982 年长崎水灾以来洪灾死亡人数最多、影响范围最广、降雨量突破历史纪录地点最多的暴雨洪水灾害❷❸。

6 月 28 日—7 月 8 日，日本四国地区暴雨中心最大降雨量超过 1800mm，日

---

❶ 平成29年7月九州北部豪雨災害を踏まえた避難に関する検討会［EB/OL］. http://www.bousai. go.jp/fusuigai/kyusyu_hinan/index.html。

❷ 姜付仁. 日本2018年7月特大洪灾及其应对［J］. 中国防汛抗旱，2018，28(8):9-12。

❸ 刘哲. "7·5"日本西部暴雨案例分析［J］. 中国减灾，2018(9):58-61。

本东海地区最大降雨量超过 1200mm，使得 7 月降雨量为历史均值的 2 ~ 4 倍。日本九州地区北部、四国地区、近畿地区、东海地区、北海道地区等若干地区均创 24h、48h 和 72h 的最大历史降雨量纪录。据日本气象厅资料，这次特大暴雨有 431 站次创历史最大降水纪录。

据国土交通省 8 月 2 日的资料，这次暴雨洪水共造成中央管理的 47 条河流 321 处出现超警水位，都道府县管理的 223 条河流出现超警水位。高梁川流域的小田川、高马川和砂川堤防溃决，造成冈山县仓敷市受淹面积达 1100hm²，约 5000 户住房受淹。冈山县的旭川流域砂川堤防溃决，受淹面积约 700hm²。肱川流域的肱川堤防漫溢，造成爱媛县大洲市受淹面积达 970hm²，受淹住房约 720 户。

日本国土交通省估算，截至 2018 年 9 月 18 日，2018 年 7 月西日本洪水灾害已经造成损失总额约 1.094 万亿日元，这是 1961 年水灾统计调查以来受损规模最大的一次。暴雨洪水造成 223 人遇难、8 人下落不明，20663 栋房屋损毁、29766 栋房屋灌水 [1]。

6. 2019年19号台风洪水灾害

19 号台风"海贝思"作为 2019 年以来西太平洋最强台风，于 2019 年 10 月 12 日晚登陆日本，引发大规模洪水、河流决堤、山体滑坡等次生灾害，造成重大人员伤亡和财产损失。台风登陆当日多地出现暴雨、大暴雨或特大暴雨，多个站点突破历史极值。东京、埼玉、神奈川、静冈等局地 24h 降水量达 400 ~ 800mm。神奈川县箱根 24h 降水量高达 942.5mm，刷新日本 24h 降雨纪录。89 个站的 6h 降雨量、120 个站的 12h 降雨量、103 个站的 24h 降雨量均打破了历史纪录 [2]。

暴雨导致 335 条河流发生洪水，140 处堤坝决口，同时引发地质灾害 962 起，其中泥石流 426 起、滑坡 44 起、崩塌 492 起。长野县千曲川堤防溃决，导致 5 人死亡，淹没面积为 9.5km²，东日本铁路公司多辆高铁车辆泡水，造成巨大经济损失 [3]（图 2.5）。台风 - 暴雨 - 洪涝灾害链导致 9.7 万栋房屋建筑受损或被水淹，最高峰时造成 52.2 万户停电，16.6 万户停水；据日本内阁府统计，截至 2019 年 11 月 25 日，19 号台风及洪水灾害共造成 98 人死亡，3 人失踪，484 人受伤，49819 栋房屋损坏，另有 47307 栋住宅被淹。遇难者中 60 岁以上的老人约占遇难总人数的 60%，主要位于农村地区。

---

[1]　平成30年7月豪雨の概要 [EB/OL]. http://www.bousai.go.jp/fusuigai/suigai_dosyaworking/pdf/dai2kai/sankosiryo1.pdf.

[2]　马玉玲，和海霞，吴修远．日本应对"海贝思"台风灾害分析及启示（下）：短板分析及启示 [J]. 中国减灾，2020(3)：56-59。

[3]　台風第19号等の概要 [EB/OL]. http://www.bousai.go.jp/fusuigai/typhoonworking/pdf/dai1kai/siryo3.pdf.

图2.5　长野县千曲川堤防溃决导致大面积淹没

2.1.2　灾害趋势与特点

1. 短时强降雨和中小河流洪水灾害呈增加趋势

短时强降雨是中小河流洪水的最主要诱因。据统计，近 30 年来，短时强降雨呈增加的趋势（图 2.6）。根据日本 1300 个雨量站观测资料统计，近 10 年来年均 1h 降雨量超 50mm 站次比 30 年前增加了 1.5 倍，1h 降雨量超 100mm 站次增加了 2 倍，降雨量和强度增加的趋势必然导致中小河流洪水灾害发生的概率增加，对人员和财产安全造成了严重的威胁❶。

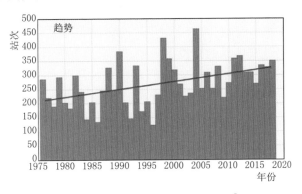

图2.6　1h降雨量超50mm年发生次数❷

2. 灾害极端性和复合型特征明显

2018 年 7 月暴雨洪水，6 月 28 日—7 月 6 日，多地降雨量超过 1800mm，多地 48h、72h 降雨量超过历史纪录；与此类似，2019 年 19 号台风过程中，10 月 10—13 日，多地降雨超过 1000mm，72h 的降雨量达到了 10 月平均值的 3 倍，

---

❶　激甚な水害等への対策 [EB/OL]. http://www.mlit.go.jp/river/pamphlet_jirei/kasen/gekijin/index.html。

❷　令和元年版 防災白書 [EB/OL]. http://www.bousai.go.jp/kaigirep/hakusho/h31/honbun/index.html。

多地 12h、24h 降雨量也超过历史纪录。极端降雨带来了超设计标准的洪水，如 2017 年 7 月 7 日爱媛县肱川流域大洲第二水文站水位达到 8.11m，比历史最高值高出 1.26m。野村水库入库洪峰达 1942m³/s，是历史第二高位的 2.4 倍，鹿野川水库入库洪峰达 3800m3/s，是历史第二高位的 1.6 倍。

洪水带来的树木和桥梁、洪水与泥沙、主流与支流、外洪与内涝、洪水与潮位相互作用，导致由洪水至灾害的演化过程中灾害显著放大，形成了复合型洪水灾害。如 2017 年九州北部筑后川右岸山洪携带的大量土沙和流木导致河道堵塞，桥梁形成水坝，导致洪水绕过桥梁直接进入两岸居民点，造成重大人员伤亡。2018 年溃决的小田川为高梁川支流，受高梁川防洪标准高和洪水顶托的原因，小田川洪水排泄不畅，在小田川和高梁川临近汇合处发生溃堤，导致冈山县仓敷市大部受淹。

2.2　法律法规体系

日本从 1896 年制定第一部河流法起，就走上了依法治水的道路。日本以法律的形式规定各级政府及有关部门在江河治理与防洪事务中的权利、责任、义务与相互关系，明确水利投资的来源与分担比例，并不断针对社会经济发展中的新问题、新需求而不断修改完善❶。

2.2.1　相关法规

日本在其防洪减灾体系的建设中，经过百余年的努力，逐步建立起了比较完整的法律制度。将日本与防灾、抗灾、救灾各环节有关的法律按时间排序，见表 2.1❷。

表2.1　　　　　　　　　　　日本防洪减灾有关法规一览表

年份	立法活动	说　　　明
1880	《备荒储蓄法》	建立贫民救助制度
1896	《河流法》	防洪工程为国家直辖事业，河流、滩地及河水的私有权力被排除，森林矿山国有化
1897	《砂防法》	
	《森林法》	
1899	《灾害预备金特别会计法》	
1900	《下水道法》	
1935	《河水统制的调查与实施》	推动河流水资源统筹规划与治理

❶ 程晓陶．日本的治水方略［J］．中国减灾，2008(4)：40-42。
❷ 王虹，李辉，张大伟，等．洪水风险管理法律法规机制建设的比较研究［M］．北京：中国水利水电出版社，2016。

续表

年份	立法活动	说　明
1947	《灾害救助法》	灾害应急对策制度化
1948	《消防法》	
1949	《水防法、水灾预防组合法》	
1950	《农林水产设施灾后重建事业国库补助的暂定措施法》	灾后重建事业制度化
1951	《公共土木设施灾后重建事业费国库负担法》	
1953	《公立学校设施灾后重建事业费国库负担法》	
1955	《受灾农林渔业者资金通融的暂定措施法》	
1957	《特定大坝综合利用法》	
1958	《新下水道法》	
	《滑坡等灾害的防治法》	
1960	《治山治水紧急措施法》	确定治水事业在国民经济中有计划按比例发展的方针
	《特别治水会计法》	
	《治水事业十年计划》	
1961	《灾害对策基本法》	建立综合性、计划性、持久性的防灾体制
1963	《防灾基本法》	
1964	《新河流法》	
1969	《陡坡崩塌灾害防治法》	
1971	每年9月1日设为"防灾日"	国民防灾教育制度化
1973	有关支付灾害抚恤金及贷付灾害援助金的法律	完善灾民救济制度
	《水源地对策特别措施法》	建立综合治水对策特定河流制度
1976	建设省设立"综合治水协议会"，指定流域城市化显著的14条河流为治理对象	建立国际防灾合作的推进体制 加大生态环境保护的力度
1989	成立"国际防灾十年推进本部"	
1997	新《河流法》再次修订	确定国家与都道府县的制图责任
2000	土砂灾害警戒区中推进土砂灾害防治对策的相关法律	

续表

年份	立法活动	说　明
2001	《水防法》部分修订	确定市町村的制图责任
2003	《特定都市河流浸水被害对策法》	
2005	《水防法》部分修订	
	土砂灾害警戒区中推进土砂灾害防治对策的相关法律部分修订	
2011	《水防法》和《河流法》部分修订	确定防汛抢险组织的多方参与机制

2.2.2　河流法与水防法

日本依法治水、依法防洪的历史悠久，1896 年就制定出《河流法》，1949 年制定了《水防法》（类似于我国《防洪法》）。

1961 年，日本政府颁布了《灾害对策基本法》，随后又制定出全国《防灾基本计划》。以此为依据，日本近 60 年来坚持不懈，全面有计划地建成了综合性、持久性的防灾管理体系，体现了灾害分级管理的显著特征。其中，水灾害的应急管理涉及多个相关部门，对应灾前、灾中、灾后的不同阶段，日本已经形成了相对完备的法规体系，如图 2.7 所示。

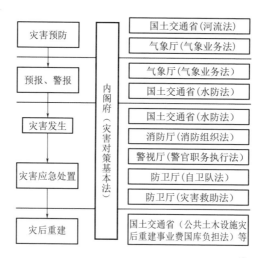

图2.7　日本水灾应急管理的责任部门和适用法律❶

---

❶　王虹，李辉，张大伟，等 . 洪水风险管理法律法规机制建设的比较研究 [M]. 北京:中国水利水电出版社，2016。

20 世纪 90 年代以来，以中小河流为主的洪涝灾害暴露了日本防洪能力的限度和弱点，迫使防洪体系向注重防治与减灾全面发展。从而，1997 年修改了《河流法》，2001 年、2005、2015 年、2017 年多次修改《水防法》，在加大河流自然生态环境保护力度的同时，重视发挥地方和居民在减灾方面的作用。

2001 年《水防法》的主要修改内容如下：

（1）洪水预报河流数量的扩充。指定的河流有发生洪水的可能性时，国土交通省官员与气象厅官员一起，在将以水位及流量表示的河流状况通知防汛管理者的同时，必要时求得相应新闻机构的协作，向公众广而告之。

（2）浸水想定区域的公布。

（3）确保顺利且迅速的避险组织措施。

2005 年再次修订实施的《水防法》，明确作出了如下规定：

（1）被指定为"浸水想定区域"的河流，从"洪水预报河流"向"水位周知河流"扩大。

（2）有义务编制洪水危险图的河流，从"洪水预报河流"扩展到"水位周知河流"。

（3）创设水防团与消防团联合行动的水防协力团体制度。

（4）创建向退休的兼职水防团员支付补偿金的制度。

（5）为"浸水想定区域"的制定开展必要的相关调查。

（6）建立由国土交通大臣与气象厅长官共同进行洪水预报的相关制度。

（7）确定超过警戒水位后有义务发布水位情报。

（8）在主要的中小河流（水位周知河流）中设定特别警戒水位，作为转移避险启动的标准，当洪水位达到该水位时，要发布预警信息，组织人员转移避险。

（9）市町村防灾计划要明确向养老院等"脆弱场所"传达洪水预报预警信息的渠道。

（10）地下街等的管理者或所有者负有制定防灾避险预案的责任。

2.2.3　城市洪涝防治相关法律

在快速城镇化的背景下，由于流域下垫面土地利用方式的急剧改变，城市洪涝风险特性发生了显著变化。为了推进与规范城市洪涝灾害的管理，2003 年，日本颁布了《特定都市河流浸水被害对策法》❶。

该法律第四条规定，"河流的管理者、下水道管理者、流域的地方政府有共同承担制定《流域水害对策计划》的职责，要切实协力、强化实施更为安全、更为有效的浸水被害对策"（河流整治、下水道建设、雨水蓄留渗透设施等）；同时

---

❶　特定都市河川浸水被害对策法 [EB/OL]. https://elaws.e-gov.go.jp/search/elawsSearch/elaws_search/lsg0500/detail?lawId=415AC0000000077。

该法律第五条和第十九条要求"流域内的居民、事业者要努力促使雨水的蓄留与渗透";该法律第九条规定新的"雨水渗透的阻碍行为在面积 1000m² 以上的情况下,必须取得许可（要采取使雨水流出最小限度的措施）";并且该法律第二十六条对已建具有抑制雨水流出机能的防灾调整池作出了必须维护保持方面的规定。

可见,日本为抑制城镇化区域洪涝风险增大的趋势,雨水蓄留渗透设施的建设已经走上了法制化的轨道。根据日本《特定都市河流浸水被害对策法》的规定,流域中的居民与企事业单位都有义务充分运用房屋、庭院、绿地等细小空间,参与雨水蓄留渗透设施的建设,道路与铺装地面也要尽可能采用透水材料,避免因土地利用类型的改变而增大暴雨径流系数,加重行洪排涝系统的负担,以达到减轻洪涝灾害的目的。

2.3　防洪工程体系

2.3.1　治水思路的演变

日本以 1868 年的明治维新为转折点,成为亚洲第一个走上工业化道路的国家。此前德川幕府统治的江户时代（1603—1867 年）,与我国最后一个封建朝廷统治的清朝（1616—1912 年）一样,也曾实施锁国政策,从 1633 年颁布第一次锁国令开始,直到 1853 年和 1854 年美国海军军官佩里相继率领 5 艘和 7 艘军舰登陆叩关为止。明治维新之后,日本向西方工业化国家学习,确立了"殖产兴业、文明开化、富国强民"三大政策,迅速成为亚洲的强国,也由此走上了军国主义的扩张道路。其间先后于明治、大正、昭和初期启动过三次宏大的治水计划,终因认识与实力的局限,以及政治、经济与战争等因素的干扰而夭折。直到 1959 年伊势湾台风引发的洪水造成 5098 人丧生之后,随着国民收入倍增、计划的启动,日本当代大规模的治山治水活动才逐步走上了依法治水、计划治水与科学治水的道路,为支撑与保障日本经济的腾飞和可持续发展,发挥了重要的作用。日本利根川、淀川等大河流上采取 100~200 年一遇的防洪标准,城市中小河流为 50~100 年一遇的防洪标准,而农村地区是 30~50 年一遇的防洪标准。❶

迅猛的城市化进程是当代日本洪水风险增长的重要原因。日本战后大量人口涌入东京、大阪、名古屋三大都市圈,在快速城市化的浪潮中,也有过先地上、后地下的同样经历。20 世纪 70 年代后,为应对流域快速城市化后洪涝灾害加重的问题,逐步强化了综合治水对策,治水理念有了重大的调整——不是让洪水越快排入河道越好,而是千方百计采取各种蓄滞措施,蓄留下的雨水在河道洪峰过后再排入河道;不是防洪保护范围扩得越大、标准提得越高越好,而是在提高整体防灾能力的同时,避免洪水风险向更发达区域的转移。为此,大力

---

❶　程晓陶.日本:转变观念　健全机制 [N]. 中国水利报,2012-08-16。

采取洪水分滞、雨水蓄留、雨水渗透等措施，随后又以立法的形式强制实施。

日本从 20 世纪 70 年代后期开始推进综合治水特定河流计划，陆续在城市化进程显著的 17 个流域中实施，取得了显著的成效。综合治水特定河流计划中确定的治理目标为用 10 年左右的时间，使指定流域达到能防御 50mm/h 降雨强度所对应的洪水。为此，各指定流域都新设立了流域综合治水对策协议会。成员包括建设省的代表，以及流域所涉及的各行政区的地方政府中有关河流管理、下水道管理、城市规划、房屋建筑与土地利用规划等部门的代表。协议会的任务是负责制定流域综合治理规划。

21 世纪以来，城市化急速发展，迫切要求不断提高治水安全度。但如前文所述，城市化带来的社会经济环境与自然环境的变化，使已有的治水安全度呈降低的趋势。对不断加深的矛盾，以往单一治理河流的方式已难以应付，治水方略必须转化为对流域自然环境与社会经济环境的整体综合治理。前者要求合理改进与强化治水的工程措施，后者则通过制定使土地利用合理化的诱导政策，建立健全洪水预警预报与避险系统，对居民进行防灾教育与训练等非工程手段来实现。在此背景下，日本又提出了流域综合治水对策，从体系上可分为水灾防御系统与警戒避险系统；从类型上可分为工程措施与非工程措施，如图 2.8 所示。其主要内容包括：①将流域划分为水土保持区、分蓄洪区与低洼地区，分别采取不同的治水对策；②促进河流的工程治理；③修建各种类型的雨水蓄滞与渗透设施，以维持或增强雨水滞留能力；④保持分蓄洪区的分蓄洪能力；⑤向居民公布以往水灾的淹没范围图，以引导土地的合理利用，有利于防汛与避险行动的组织；⑥确定洪水泛滥区的最合理的土地利用方式；⑦向居民进行宣传，使他们更好地理解综合治水对策，并争取他们的合作。

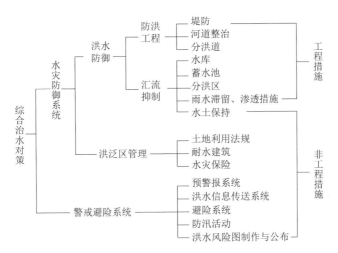

图2.8　日本流域综合治水的对策体系

以往的治水对策主要是追求防洪保护范围的不断扩大与工程防洪排涝标准的不断提高。但是城市化后，由于流域中固有的雨水滞留能力降低，分蓄洪能力丧失，洪峰流量增大，加重了河道的行洪负担，成为洪水风险加大的重要原因。因此，日本在推进综合治水对策时，从治水的指导思想上，强调要确保流域的蓄滞水功能。在各特定河流的综合治水规划中，要求针对流域城市化率的变化制定不同区域的流量分担计划。例如对于位于东京都的鹤见川流域，考虑到城市化与治水对策的进展，提出流量分担计划，如图 2.9 所示。

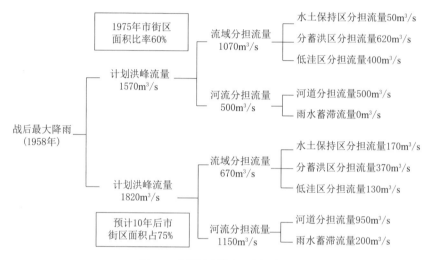

图2.9   鹤见川流域流量分担计划

从图 2.9 中可以看出几个显著的特点：①由于流域中城市化面积率从 60% 增加到 75%，同样降雨条件下，计划中考虑的洪峰流量增大了 250m³/s；②在综合治水对策中，河流整治的工程措施依然占有重要的地位，由于河流分担的流量增加了 650m³/s（其中河道行洪能力增大了 450m³/s），流域分担的流量反而减少了 400m³/s；③由于水土保持区与雨水蓄滞设施的建设，集中汇入河道的流量少增加 320m³/s；④综合治水措施使得分蓄洪区与低洼区分担的流量分别减少了 250m³/s 与 270m³/s，从而总体上降低了流域中水害的风险[1]。

回顾日本治水思路的演变历程，日本在 1970 年代中期走上综合治水之路，是其在经济社会快速发展、城镇化迅猛进程中，积极应对洪灾风险特征演变的必然选择，形成了与其自然地理条件和防洪安全保障需求相适应的依法治水、计划治水与科学治水模式。其综合治水不仅体现为治水工程手段的综合运用，而且体现为工程手段与非工程手段的有机结合。

❶   李昌志，程晓陶. 日本鹤见川流域综合治水历程的启示 [J]. 中国水利，2012(3)：61-64.

2.3.2　主要工程措施

在日本，防洪工程措施有修建水库，整治河道，开挖地下河流，修建滞洪区等。通过上述各种工程措施，在提高城乡防洪标准的同时向城市提供稳定的生活和工业用水。

1. 修建水库

从1960年开始，日本经济进入高速发展阶段，随着城市化的发展，以提高治水标准和满足水资源需求为目的的水库建设大量进行。根据2007年的统计数据，已建设坝高在15m以上的水库共2728座，总库容约222亿 m³，仅次于中国和美国等修建水库较多的国家❶。通过水库调节河流洪水，有效地削减了下游河道的洪峰流量，提高了下游地区的防洪安全度，满足了各地的生活、工农业和发电用水要求。

但是，日本的很多河流属于陡坡急流型河流，每当发生洪水时，巨大的水动能将大量的泥沙带入水库，泥沙淤积其中。水库泥沙淤积引起了各种各样的社会、经济、自然环境和生态问题。如水库上游河床上升导致防洪安全度降低，水库库容减小导致其原有功能的降低或给水库运行管理带来不便，在水库下游则引起水质恶化、河床降低和生态破坏、海岸线倒退等不利影响。因此，现在很多河流都实施以流域为单元的综合泥沙管理制度，将过去的水库上游、水库本身和水库下游分开的泥沙管理整合为整个流域的泥沙管理，尽量保证河流泥沙的连贯性，保证河道形态的多样性，恢复河流原来的自然生态环境。而且，正在摸索和开发已建水库的合理运用管理技术，主要是已建水库的有效运用、泥沙管理和水质管理等三个方面❷。

2. 整治河道

河道整治的工程措施有河道加宽，堤防加高、加宽、加固以及桥梁加高、加固，挡水堰的改造等，以提高河道行洪能力，将洪水迅速地排到大海。河道整治的典型例子有复式断面河道和堤防宽度为高度30倍的超级堤防。

复式断面河道的主要特点是，将河道断面分成断面面积相对较小的低洼主河槽和断面面积相对较大的滩区河床两部分。平时，由于河流流量较小，水流顺着断面面积较小的低洼河槽流动，而较高的滩区河槽可作为公园或运动休闲场所来利用。只有发生特大洪水时，水流才能漫滩，保证河道设计洪峰顺利通过。可以说复式断面河道是河流治理、土地利用、生态环境以及景观等相结合的治河工程典范。

---

❶　目で見るダム事業2007[EB/OL]. http://www.mlit.go.jp/river/pamphlet_jirei/dam/gaiyou/panf/dam2007/index.html。

❷　白音包力皋，丁志雄. 日本城市防洪减灾综合措施及发展动态 [J]. 水利水电科技进展，2006，26(3)：82-86。

　　超级堤防（图 2.10）主要修建在东京和大阪等社会资产较集中的大城市河流上。由于堤防外坡坡度较缓，即使洪水漫过堤防也不会出现溃堤破坏，能够防止毁灭性水灾的出现。堤防建成后，扩大的堤面土地仍被原地权者使用，并作为城市土地规划部分，可建造住宅。

图2.10　超级堤防❶

3. 开挖地下河流

　　从成本、土地利用等条件考虑，在城市中进行大规模的河道改造是非常困难的。作为补救措施，日本很多城市正在进行或规划开挖地下河流工程。地下河流能够分流部分雨水，同时可作为临时地下滞洪设施来使用。

　　在诸多地下河流中，最有名的是日本东京首都圈外郭放水路（地下排水通道），它位于埼玉县，是建于地下约 50m 处的一个大型泄洪隧道，全长 6.3km，内径约 10m，最大排水能力为 200m³/s，蓄水容量达 67 万 m³，是全球最大规模的地下防洪设施。工程于 1992 年开工，2006 年竣工，包括分洪入口、储水竖井及排水设施，集合了日本最先进的土木技术。2019 年 19 号"海贝思"台风登陆日本，带来的暴雨洪水重创东日本，但首都圈外郭放水路表现优异，为水害的减轻起到了十分重大的作用（图 2.11）。

4. 修建滞洪区

　　除了修建水库（挡水、调洪），整治河道（加大河流行洪能力）及开挖地下河流（分流）等工程措施之外，需将剩余的雨水短暂滞留在流域内以减小河道洪峰流量。在内涝易发地区增设排水泵站，在加快排水的同时修筑二线堤防，防止居民房屋进水。出现特大暴雨时，在城市河湖区域，将一些绿地、运动

❶　河川事業概要 2019 [EB/OL]. http://www.mlit.go.jp/river/pamphlet_jirei/kasen/gaiyou/panf/pdf/index2019.html。

（a）竖井实物图

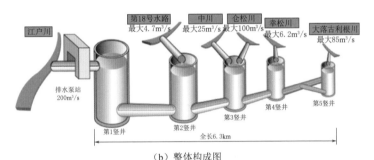

（b）整体构成图

图2.11 东京首都圈外郭放水路[1]

场、学校等公共场所或设施临时作为滞洪区来使用，滞留部分雨水，有效控制雨水迅速流入河道。必要时将部分建筑物的一层或地下停车场也作为临时雨水滞留区来使用。如大阪的寝屋川流域共有5块绿地，能够连接成3大滞洪区，总面积为84.2hm^2，能滞留410m^3/s的流量，通过分流、滞留等工程措施将约60%的设计洪峰流量通过地下河流分流或暂时滞留在流域内，只有40%的洪峰通过河道进入大海。而且滞留在流域内的部分雨水渗入地下，可补充地下水，是一举多得的洪水管理方法[2]。

2.4 国土交通省洪水灾害管理对策

国土交通省是实施涉水灾害（台风、洪水、地质灾害）防治和应急处置的主要责任部门。国土交通省内部涉灾管理部门有水管理·国土保全局、国土地理院、海上保安厅、气象厅等，其中水管理·国土保全局负责全日本治山、治水业务和洪水、地质灾害风险管理，雨情水情监测预报预警，国管水利工程调

---

[1] 日本地下神殿：首都圈外郭放水路 [EB/OL]. http://www.517japan.com/viewnews-58309.html。

[2] 白音包力皋，丁志雄. 日本城市防洪减灾综合措施及发展动态 [J]. 水利水电科技进展，2006，26（3）：82-86。

度等职责，是国土交通省内最主要的防灾管理部门，水管理·国土保全局的组成如图 2.12。

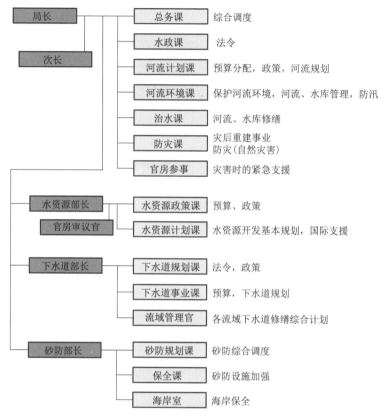

图2.12　水管理·国土保全局组成结构图❶

2.4.1　预防减灾对策

1. 推进各项防灾准备工作❷

（1）在加强维护和管理河流、防砂、海岸、道路、铁路、港口、机场、下水道及其他公共设施的同时，与地方政府等合作，有计划、全面地推进河流整治、下水道整治、海岸建设、地质灾害防治、农田防灾、城市的防灾措施、道路与港口的暴雨防灾措施，建立一个韧性的国家和城镇。对于超出防御标准的灾害，为了减少灾害带来的损失，也应从硬件和软件两个方面采取措施，同时考虑环境和生态的协调性。

---

❶　水管理·国土保全局の組織 [EB/OL]. http://www.mlit.go.jp/river/basic_info/soshiki/gaiyou/soshiki/index.html。

❷　国土交通省防災業務計画　第 5 編 –水害対策編 [EB/OL]. http://www.mlit.go.jp/saigai/bousaigyoumukeikaku.html。

（2）根据河流维护基本方针及河流维护计划，加强堤坝、河道挖掘、水坝、蓄洪池、溢洪道等的运行管理，制定河流维护管理计划等，在人口集中的区域，推动修建高规格堤防，以最大限度地降低损失的发生。

（3）除了在有可能发生土砂灾害的地方修建地质灾害防治工程，还应推动实施综合性的土砂灾害防治措施，包括安装雨量计和各种传感器等，以及防止浮木、风吹倒的树木外流的措施。特别是在由于泥沙和浮木导致的损失风险高的中小河流中，应修建泥沙、浮木捕获效果好的透式防砂堰堤等，同时在泥沙、洪水泛滥造成的损失风险高的河流中，修建防砂堰堤、谷坊等。

（4）建立让居民周知土砂灾害（泥石流、滑坡等）警戒区域的机制、土砂灾害预警系统来收集信息和预警机制，应按时间序列向市町村提供土砂灾害警戒情报及每个网格的土壤雨量指数和降雨信息，同时应对精细化的降雨预测，提供周边发生的土砂灾害情况的信息，因土砂灾害发出及传达关于居民避险的预警、避险，给予必要的支持和建议。

（5）根据特定城市河流浸水对策法，推进特定城市河流及特定城市河流流域的确定、流域洪灾对策计划的制定，同时向相关地方政府提供海绵城市、蓄水池建设、城市洪水风险图制定等技术支持和建议。

（6）制定综合防灾城市规划等措施，推动创建韧性的城镇。通过防灾街区修整、土地区划整治、市中心重新开发等，修建道路、公园等城市基础设施，调整具有医疗、福利、行政、避险、储备等功能的公共和公益设施的集中布局，建设城市综合防灾避险基地。

（7）应推进维护城市河流，引导流域内土地的合理利用，努力推进综合性治水措施。

（8）对于洪水、内涝、风暴潮、土砂灾害等可能造成灾害的土地区域，公布浸水想定区域及土砂灾害警戒区域等，提高地区居民的防灾意识，有助于发生灾害时居民迅速避险。

（9）应提供必要的支持和建议，以便都道府县知事或市町村长指定并公布洪水淹没想定区域、内涝淹没想定区域（或风暴潮浸水想定区域）。

（10）应提供必要的支持和建议，以便对于洪水预报河流及水位周知河流以外的水利部门所在地相关的河流，都道府县知事能根据河流的情况，使用简易的方法向市町村等提供浸水想定及河流水位等信息。

（11）即使是洪水预报河流或水位周知河流未指定的水库下游河流，也应与河流管理人员协作，制作可能发生的最大规模的降雨导致该河流泛滥时的浸水想定图。此外，应向根据该图制作危险地图的市町村提供技术支持。

（12）重视生命线工程，有计划且重点发展作为生命线的共同收容设施的综合管沟和电线综合管沟，同时针对下水道设施，也应推进下水道设施的网络化、重要干线的双线化，以便能相互补充、替代。

（13）建立应急物资储备制度，力图在全国实现储备基地的网络化，推动与物流公司合作，建立储备基地等。努力加强国土交通省、地方分部等的办公楼的抗灾能力，确保应急发电机和燃料的供应，适当储备食物、饮用水、药品等生活必需品并建立采购体制。

2. 建立应急管理机制

（1）确定国土交通省内部及相关省厅、地方政府、相关公共机构、相关企业之间信息传达的路径，以便发生灾害时，能迅速可靠地传递信息，实施灾害应急措施。

（2）建立移动通信系统、卫星通信系统及直升机机载卫星通信系统、数字信息地图系统（digital information map system，DiMAPS）等综合防灾信息网络，收集雷达雨量计、雨量观测站、河流水位观测站的数据等河流信息，并通过网络或手机实时地将（24h、365d）河流信息提供给市町村负责人、居民等。

（3）国土交通省本级、地方分部等的各个级别，应与警察、自卫队、消防厅、气象厅、海上保安厅、地方政府等相关机构事先进行充分协商，建立相关机构之间的联系体制，明确面对各种灾害时采取应急措施等的角色分工。

（4）为了迅速且恰当地进行应急处置和防止次生灾害、掌握受灾情况，向市町村提供与居民避险相关的技术指导和建议，应登记具有所需技能的职工和专家，建立向地方政府、相关公共机构、相关企业派遣工作组的体制。

（5）与相关省厅、地方政府、相关公共机构、相关企业合作，即使交通道路等受灾，无法维持原有功能，也可以建立进行替代运输的体制，避免灾区内部运输、往返于灾区的运输、通过灾区的运输受到严重影响。

（6）应重点推动地质灾害防治工程的修建，以保证疗养院、医院等设施免受土砂灾害，同时应发展和强化警戒避险体制，如考虑到需要照顾人员的易于判断且迅速的灾害相关信息的传达等。

3. 组织防灾相关的调查、研究和监测

（1）应收集与台风、洪水、土砂灾害等自然灾害相关的过往数据及灾害发生时的数据，从确保安全、防止或减少灾害导致的损失的角度出发，进行广泛的研究，同时努力在防灾措施中及时反馈研究成果。

（2）除了与相关省厅、地方政府、相关公共机构、相关企业合作外，也应与独立行政法人、大学、私人研究机构、海外研究机构合作，推进配备水文数据等的观测设备并积累数据等。

4. 进行防灾教育

（1）确立适当结合实践的防灾培训和进修体制。组织开展相关法律、与实际业务有关的讲习会、研究会等。国土交通大学及地方发展局组织模拟演练，

学习防灾相关的专业知识，提高灾害发生时能准确迅速应对的能力。

（2）通过支援和加强居民主体的配合，促进居民意识到"自己的生命由自己守护"、理解地区灾害风险以及应采取的避险行动等，提高整个社会的防灾意识。与非政府组织、志愿者等合作，在办公场所、自治会等地方开展地区防灾讲座，支援地区的防灾教育。届时，在外出讲座的同时，结合整理灾害记录的教材等普及防灾知识。

（3）与相关省厅、地方政府、相关公共机构、相关企业合作的同时，充分利用电视、广播、报纸、杂志、国土交通省相关机关杂志等大众传媒，互联网等，制作和发行与防灾相关的书籍、录像带、小册子等，并张贴海报、横幅、条幅等。

（4）通过收集、保存、公开包括关于大规模灾害的调查分析结果和影像在内的各种资料，支持居民传承灾害教育的举措。

（5）应通过防汛月、综合治水推进周、塌陷防灾周、土砂灾害预防月、雪崩预防周、河流爱护月、道路接触月、道路防灾周、建筑物防灾周、防灾和志愿者周等各种活动，让居民了解灾害的危险性，努力普及防灾知识。

（6）推动包括用图纸展示浸水受灾、土砂灾害等的危险位置和避险场所、避险路线等防灾相关的综合资料的形式来制作易于理解的危险地图、防灾图，并分发给居民，同时推动确认其在市町村的防灾计划中的位置。此外，制作危险地图时，对于房屋倒塌等洪水泛滥想定区域及浸水深的区域，应明确"需要尽早避险的区域"。

5. 进行防灾训练

（1）进行训练时，应明确灾害和受灾的预想，按照科目进行训练：紧急集合，信息收集和联系，成立灾害应急处置指挥部，应急处置。

（2）训练后进行评估，将获得的改善点灵活运用于灾害应对业务中，同时应在下一次训练时进行加强。

2.4.2　应急处置对策

1. 灾害发生前的措施

（1）国土交通省水管理·国土保全局与气象厅合作，掌握可能造成损失的洪水、地质灾害危险位置等情况，预计会发生灾害时，根据灾害紧急程度的5个级别的警报提供公开的防灾气象信息，通过地方政府、相关机构、媒体等快速地向居民传达信息。届时，也应考虑到需要照顾的人群，努力使居民更容易理解传达的信息。

（2）对于《水防法》指定需要进行预警的河流和海岸，当与气象厅负责人一起发现可能会发生洪水时，应指出水位、流量或洪水泛滥后的水位、流量或泛滥导致的浸水地区及其水深，向相关都道府县知事及相关市町村长通报该河流的情况，同时根据需要，寻求媒体的协作，面向社会和公众发布预警信息。

（3）当水库进行紧急防洪调度时，应通知市町村长等相关人员，表达紧迫性。

（4）如果洪水或风暴潮的危险逼近，应对水库、堤防、水闸等施行警戒体制，加强巡查巡检。

2. 灾害发生后的措施

（1）发生台风、洪水灾害时，应使用有效的通信手段和设备，根据灾害的规模和受灾程度，迅速、广泛地收集受灾信息并及时报告。应与地方政府、相关公共机构和企业合作，迅速收集灾害发生后设施等的受灾情况及公共机构的运行（航行）情况等。地方分部应在灾害发生后立即联系本省，通报必要信息，如总的受灾信息，河流管理设施、海岸保全设施、防砂设备、防止滑坡设施、防止陡坡塌陷设施、港口设施受到严重损失相关的主要信息等。

（2）国土交通省内各局应通过地方分部、地方政府、相关公共机构、相关企业收集相关的受灾情况、各地行动情况、灾害对策总部的设置情况、一般受灾情况等，并向国土交通省应急指挥部报告。应急指挥部应立即向以国土交通大臣为首的干部传达与所辖设施受灾相关的主要信息中需要紧急报告的内容，并向总理大臣（首相）汇报。

（3）国土交通省应急指挥部应根据需要，将本省内各局报告的受灾信息等汇报至内阁府、总理大臣官邸和相关省厅。此外，根据灾害对策基本法，内阁府成立应急灾害对策总部或紧急灾害对策总部。

（4）如果台风、洪水导致重大损失，应急指挥部应立即指示进行维护和管理的地方发展局准备出动用于灾害对策的直升机，同时应在与该地方发展局协调飞行路线，确认天气状况后，指示迅速出动该直升机。此外，即使指挥部未指示出动直升机，该地方发展局等也可以自行决定出动。

（5）国土交通省及地方分部，通过确立信息收集和联络体制，成立灾害应急指挥部，转为应急状态时的业务体制。

（6）发生大规模的台风、洪水灾害时，为了确认、共享灾害及受灾的主要信息，协调应急对策等，应根据需要，让员工出席召开的灾害对策相关省厅联络会议。为了掌握受灾当地的情况，便于迅速且准确地实施应急措施，应根据需要，将员工派往当地调查团。

（7）如内阁府成立了灾害应急对策总部，应派遣员工担任总部成员或秘书处工作人员，开展关于综合协调灾害应急对策的活动。

（8）国土交通省所辖设施的管理人员在灾害发生后，应迅速启动隐患检查排查的体制，让从事公共土木设施的管理、检查等的人才参加隐患排查。

（9）灾区地方政府在实施灾害应急措施时，如果发现必要的物资不足，难以准确且迅速地实施措施，即使没有人提出请求或要求，也应开始供应必要的物资。

（10）如果发生大规模的自然灾害，无论是否收到地方政府的请求，认为是特别紧急的情况时，应根据与地方政府的协定，实施应急工程等紧急措施进行支援，以防止损失扩大。

（11）针对道路设施，应充分利用自行车、摩托车等多样化的移动手段及UAV（无人机）进行现场调查，充分利用道路管理摄像机及政府和民间的车载记录仪等尽快掌握受灾情况，迅速且准确地疏通道路，进行临时施工等应急恢复，努力确保道路早日通行，同时根据需要，请求其他的道路管理人员进行应急恢复相关的支援。

（12）为了采取足够的应急措施来防止次生灾害导致的损失扩大，应在灾害发生时对设施进行充分检查，进行现场调查，充分掌握受灾情况等。此外，指导和建议地方政府、相关公共机构、相关企业，采取掌握和监控有可能发生次生灾害危险的地方、危险逼近时向相关人员通报、减少可能受到损失的设施等措施。

（13）发生大规模的灾害后，应根据需要派遣国土交通省紧急灾害对策派遣队（TEC-FORCE）或专业技术人员，迅速向居民传达灾害、避险场所、避险路线的情况，土砂灾害警戒区域等的位置信息，并向地方政府提供必要的指导和建议，以便地方政府可以进行恰当的避险引导。

（14）如果灾区地方政府要求提供供水车，必要时应向其供应地方发展局、相关公共机构等拥有的机械设备，同时，向相关行业团体提出请求。

（15）如果有志愿者申请，则与地方政府、相关公共机构、相关企业协调后，根据事先制定的应对方针，迅速接收志愿者，使之投入工作。

（16）充分掌握一般居民、受灾人员的家人等的需求，通过大众传媒、网络等迅速、稳妥地向居民和受灾人员等提供有用的信息，如受灾情况、应急对策情况、次生灾害的危险性、公共交通机构的运行（航行）情况、交通限制和迁回路线等的道路情况等。此外，如果受灾人员咨询这些信息，应尽量进行准确的回复。

 知识链接 1

国土交通省数字信息地图系统（DiMAPS）❶

2015年，国土交通省利用自身的信息资源，开发了数字信息地图系统（digital information map system，DiMAPS）。系统开发的主要目标是在

---

❶ 统合災害情報システム（DiMAPS）[EB/OL]. http://www.mlit.go.jp/saigai/dimaps/。

基础地理底图上叠加各种实时的灾害信息，为灾害救援、抢险和避险疏散提供可视化的信息支撑。自 2015 年启用以来，DiMAPS 为多次灾害的抢险救援、灾情评估提供了动态、可视的综合信息，发挥了重要作用。

DiMAPS 的静态底图包括地质灾害危险区分布；洪水淹没区分布；临时避险点，公路、铁路、机场等交通设施，政府大楼，医院，养老院以及村庄等的分布等。

灾害发生后，在 DiMAPS 底图上叠加的信息有：地震震源和烈度分布，海啸淹没范围，洪水淹没范围、深度，道路中断信息，直升机拍摄的照片，现场抢险人员拍摄的照片，国土交通省 TEC-FORCE 派遣信息。同时，以表格的形式展示人员、重要交通设施、水利设施受损的情况。

2.4.3　灾后恢复对策

（1）派遣 TEC-FORCE 或紧急派遣灾害评估官员，以便迅速且准确地掌握当地的受灾情况，同时应为对受灾的公共土木设施采取应急措施和树立恢复方针提供建议，支援地方政府的灾害恢复。

（2）为了防止损失扩大、次生灾害并确保交通，应迅速开展应急水毁修复工程。恢复公共土木设施时，应建议地方政府等以恢复原形为基础，从防止再次发生灾害的角度出发，尽量进行改良恢复。

（3）由于大规模的灾害导致公共设施或建筑物等受损、社会经济活动受到严重破坏的地区，为了尽快进行重建，在理清灾害恢复等的进展情况时，以防止再次发生灾害和形成更加宜居的城市环境为目标，有计划地推进城市的重建。

（4）在发生泥石流、滑坡、崩塌等土砂灾害的位置或由于地基松动而可能发生次生地质灾害的地方，应开展调查，将必要的地方分别指定为防砂指定区、防止滑坡区域、防止陡坡塌陷区域，推进修建土砂灾害防治设施。同时，在这些指定区域或受灾想定区域内重建住宅时，应采取措施引导合理地利用土地，如根据《防砂法》、滑坡等防止法、防止陡坡塌陷导致的灾害相关的法律恰当地进行行为限制，以及根据在土砂灾害警戒区域推进土砂灾害防治措施相关的法律，来限制建筑物结构及建议搬迁等。

（5）为了恢复受损的水利、交通设施等，根据需要，除了向地方政府、相关公共机构、相关企业提供技术支持，如派遣具有修复所需技能的员工外，还要研究财政、金融、税制上的支持措施。

2.4.4　水防灾意识社会构建

1. 水防灾意识社会的由来

在 2015 年 9 月的日本关东和东北暴雨洪水灾害中，鬼怒川发生了大洪水，造成约 1 万栋房屋被淹，4000 多人被洪水围困需要救援。为此，国土交通省社会基础设施发展委员会就防御大洪水进行了认真研讨，于 2015 年 12 月 10 日发布报告，提出通过改变社会意识来重建"水防灾意识社会"。该报告指出，认识到"超标准洪水是不可避免的，现状防洪设施能力无法有效防御超标准洪水"，整个社会必须为超标准洪水做好准备。

2016 年 8 月 10 日，台风在北海道东北地区的中小河流中引发洪灾，由于避险不及时造成大量人员死亡和重大经济损失。总结这次灾害的教训，内阁府和议会修订了《水防法》。为呼应 2017 年《水防法》，国土交通省于 2017 年 6 月 20 日制定了紧急行动计划，加快构建"水防灾意识社会"。2018 年 7 月的大雨导致多地山洪暴发，造成 200 多人丧生和失踪。总结防御经验和教训，国土交通省认为，除了加强工程（堤防、水库）措施之外，建立利益相关者组成的防洪委员会机制、加强防洪合作也十分重要。为此，国土交通省 2019 年 1 月 29 日修订了"水防灾意识社会"的紧急行动计划。

国土交通省把"水防灾意识社会"构建作为行政管理和施策的主要方向。2020 年，国土交通省水管理·国土保全局行政管理的重点是利用新技术，积极推进构建"水防灾意识社会"，具体包括：①应对气候变化和超历史极值的局地强降雨，完善以防为主的各项措施，确保预防措施迅速化；②面向 2019 年 19 号台风的受灾地区，推进灾后重建工程，确保不出现二次灾害；③针对地方的基础防灾设施进行有计划的维修和更新；④出现灾害前兆时，面向公众发布避险行动信息，确保信息充分和有效；⑤实现与多种团体（各级政府、各组织、社区）合作防灾；⑥推进实施"防灾减灾、国土强韧化三年紧急对策"。

2. 对策内容

（1）主导对策。在各地区，由国土交通省直辖地方事务局、都道府县、市町村等，组建主动应对大规模超标洪水的防洪委员会，统筹设定当地的防洪减灾目标，组织各类培训和宣传教育活动，统一、有计划地推进多层次的工程、非工程措施对策。

（2）非工程措施对策。让居民能够主动察觉风险并主动避险，实施"以居民为主体的非工程措施对策"，引导制定团体和个人的防灾计划，完善防灾预警信息发布方式方法。具体包括以下内容：

1）在洪水高风险地区，向智能手机用户推送洪水预报预警信息，使居民能够主动察觉风险并主动避险。

2）发布洪水风险图，图上标识房屋倒塌范围和需要提前避险的人员范围，标出居民的行动指南，以提高居民主动避险意识。

3）基于时间轴法，确定居民的避险流程。大力组织避险演练，邀请地方的行政首长参加。

（3）工程措施对策。开展堤防工程除险加固工作，提高河道过流能力，以加强对复合型洪水灾害的防御能力，至 2022 年完成 1200km 的堤防除险；建立紧急避险场所。

1）消除堤防漏水隐患。针对历史漏水点、防渗能力不足段、旧河道、堤下埋管段进行除险加固。

2）提高河道过流能力。采取河道加高、清淤疏浚等措施，确保河流过流能力达标。

3）提高岸坡抗侵蚀能力。针对水流冲刷点、护岸缺损点进行加固。

4）提高堤防韧性。对于 1800km 无法提高标准的堤防，改善堤防结构，提高漫顶后抗冲刷能力，实现"漫而缓决"，如图 2.13 所示。

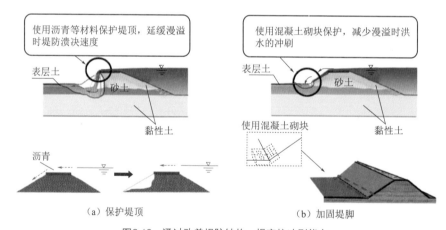

（a）保护堤顶   （b）加固堤脚

图2.13　通过改善堤防结构，提高抗冲刷能力

2.5　洪水风险图编制与应用机制

大规模的河道整治与防洪排涝工程体系的建设，为支撑快速发展与保障安全起到了重要作用，但洪涝现象仍难以消除。早在 20 世纪 70 年代末，日本就开始要求各地公布历史洪水实况，称之为"浸水实际图"，即根据对既往实际发生洪水事件的调查与资料收集，编制场次洪水淹没范围图。截至 1985 年公布全国主要河流的制图成果。由于技术简单且成本低，仅依靠行政推动，此项工作就得以完成，不仅为朝野认清洪水的危害性提供了直观可信的证据，而且为后期洪水计算模型的验证、对洪水风险的评估、对风险演变趋势的把握以及对综

合治水对策效益的评价，提供了可以对比和量化的依据。

　　然而，在快速城镇化的背景下，由于土地利用方式的改变和防洪排涝工程体系的逐步形成，暴雨洪水的产汇流过程受到显著影响，洪水危害特性与成灾区域随之发生了显著的变化。1993—1994 年，日本开始要求采用洪水模拟计算模型，考虑下垫面条件的变化，制作"浸水想定区域图"，其后又要求在此基础上制作"洪水危险图"，将风险告知民众，为迅速组织避险行动、减轻洪灾损失服务。由于涉及复杂的技术手段，制图的经济成本较高，加之部分位于"想定"受淹区域中的民众因经济利益受到影响而有抵触情绪，此项工作进展迟缓。直至 2001 年与 2005 年两次修订《水防法》，明确了国家、都道府县与市町村各级政府的制图责任之后，"浸水想定区域图"与"洪水危险图"的编制工作才相继得以全面铺开，很快覆盖了全国 90% 以上的区域。可见法律保障对于推进非工程防洪措施具有至关重要的意义和作用❶。

　　这里需要特别说明的是，日本制作"浸水想定区域图""洪水危险图"，主要目的是为迅速组织避险行动、减轻洪灾损失服务。国际上一般认为：风险度 = 致灾因子危险性 × 承灾体脆弱性。中国水利界理解的风险图相对于危险图，所包含的要素更多，制作要求也更高。但为了便于理解和表达，本书将"浸水想定区域图""洪水危险图"等图件，统称为洪水风险图。

2.5.1　发展阶段

　　洪水风险图的编制，在日本也经历了从倡导到立法实施的过程。20 世纪 90 年代以来，一方面城市的发展对环境治理与生态保护提出了更高的要求，另一方面以中小河流为主发生的城市洪涝灾害暴露了城市抗洪能力的限度和弱点，迫使城市防洪体系向注重防治与减灾全面发展。从而，1997 年修改了《河流法》，2001 年修改了《水防法》。这次《水防法》修订的主导思想是加强对水灾害的应急管理。其基本的措施是由国家与都道府县政府指定洪水的泛滥预想区域，将可能受淹的区域与受淹的程度向社会公布；其后，有关的市町村在地方防灾计划中，至少要确定一个泛滥预想区域洪水预报的传达方式与避险场所等。"洪水危险图"就是将泛滥预想区域、避险场所与避险路径等，按居民容易理解的方式制作的。现在，日本已经制作出并向居民发布了这样的地图。

　　（1）早期（1975—1993 年）。从 1975 年开始要求各地公布历史洪水实况，称之为"浸水实际图"，即根据对既往实际发生洪水事件的调查与资料收集，编制场次洪水淹没范围图。这种方法直观易懂，有警示意义，但不能体现洪水发生之后防洪工程建设的效果，也不能反映流域城市对洪涝分布的影响。

---

❶　王虹，李辉，张大伟，姜晓明．洪水风险管理法律法规机制建设的比较研究［M］．北京：中国水利水电出版社，2016。

从 1987 年开始，作为综合防洪减灾对策中非工程措施的一个环节，日本开始编制和公布与流域设计洪水（100～200 年一遇）相对应的"洪水淹没范围预想图"，要求用数值模拟方法确定洪水可能淹没的范围，以及泛滥洪水到达的时间、水深分布、流速分布与淹没持续时间等。计算中，模型网格的大小要求不大于 500m。截至 1993 年，全部一级河流的风险图编制完成。

1991 年，为了让居民了解水灾知识，增强防患意识，日本编制和公布了一种"水灾学习型洪水危险图"，在普及水灾和避险知识方面起到积极作用。1993 年制作的"洪水泛滥危险区域图"，除含淹没范围信息外，还添加了区域内社会经济和洪灾损失评估信息等。这一阶段的洪水风险图编制，带有前期基础研究的性质，不仅类型多样，而且各图所含的基本信息也无统一的要求。这阶段的探索为其后的发展奠定了良好的基础。

（2）试行推广期（1994—2000 年）。1994 年，针对民众要求了解避险信息和方法的呼声，建设省发布了《洪水危险图制作指南》（*Manual for Making Flood Hazard Map*），在"洪水泛滥危险区域图"中增加了避险路径、场所和联络信息等内容，形成了统一的技术规范。这项工作由建设省治水课牵头，要求各市、町、村负责编制洪水危险图。在 1994—1995 年间，各地先后完成了本地区数值模型的建模工作，有些地方完成了编制工作。

1996 年，建设省对以前颁发的《洪水危险图制作指南》进行了修订，于 1997 年 1 月发布了《关于洪水危险图制作指南的解释及其应用》。日本的洪水危险图有居民用图与行政用图之分，其中居民用图又分为"避险指导型"和"灾害学习型"，针对不同使用对象的不同需求，对图中标注的必备内容也作出了相应的规定，见表 2.2。防御对象泛滥区域图标注出地面高程低于河道设计洪水位的区域范围。洪水泛滥危险区域图与洪水危险图根据洪水模拟计算编制。两者均将 100～200 年一遇的特大洪水作为计算淹没范围和水深的对象。

表2.2   **日本洪水危险图的种类和特征**

大分类	居 民 用 图		行政用图
小分类	避险指导型	灾害学习型	防灾情报型
制图单位	市町村	市町村、流域	市町村
使用对象	居民	分成人、儿童、老人等	防灾行政负责人及防汛有关人员
制图目的	• 使居民了解居住区的洪水风险 • 指导居民安全避险	• 学习水灾的各种知识，提高水患意识 • 学习使用避险指导型洪水危险图	• 用于居民避险的引导及防汛指挥

续表

大分类	居 民 用 图		行政用图
标注内容	• 预测淹没范围和水深 • 实际洪水 • 需要避险的区域 • 避险场所 • 避险途中的危险地点 • 避险注意事项 • 避险信息的传播手段 • 避险通告中的避险基准 • 制图单位 • 制图年月	• 水灾机理 • 洪水的风险，损失内容 • 气象信息有关事项 • 预测淹没范围和水深 • 实际洪水 • 历史洪水信息（降雨、淹没、损失情况） • 河道整治的现状 • 水灾时的注意事项 • 避险指导型洪水危险图的使用说明 • 平时预防水灾害的准备 • 避险途中的危险地点 • 有关的医疗设施 • 制图单位 • 制图年月	• 预测淹没范围和水深 • 实际洪水 • 需要避险的区域 • 避险场所 • 避险救援者的必要设施 • 重要的防汛区域、防汛物资仓库 • 生命线系统设施 • 防灾有关机构 • 制图单位 • 制图年月
比例尺	1∶10000（标准）	适宜	适宜
形式	地图及小册子		

注　引自《日本洪水危险图编制指南及使用说明》，建设省河流局治水课于1997年1月监修。

1998 年 8—9 月，阿部伍隈川发生大洪水，共动员 11148 户、2 万余居民避险。由于当年春季已向居民发布了洪水危险图，避险进展顺利。这一事例显示了洪水危险图的效益，推动了以后工作的进展。同时由于数值模拟技术的进步，对洪水的模拟精度有了较大提高，可以精确计算出在决堤后洪水随时间的变化过程。

2000 年 9 月 11—12 日，14 号台风袭击了日本东海地区。暴雨中心所在的名古屋地区日降水量达到破纪录的 428mm。洪水导致新川决堤，并在市区形成严重的内涝，受淹房屋逾 7 万余间，直接经济损失达 6560 亿日元（折合人民币约 500 亿元）。在灾后检讨中得到的教训之一，是名古屋地区仅多治见市这个小城市制作并公布了洪水危险图，受淹区域中大多数市民缺乏水患意识。据调查，截至 2000 年 10 月，虽然编制的范围已从一级河流扩大到了二级河流，但全日本仅有 87 个市町村完成并公布了洪水危险图。尽管洪水危险图的编制在日本已经倡导了多年，但大多地方政府都没有制作，甚至有的地方官员说，这样的图做出来，会造成居民的不安定。难怪调查报告要讥讽说，这样的观点，真是"本末倒置"。

（3）依法推行期（2001 年至今）。基于东海大水害的教训，日本 2001 年 6 月对《水防法》进行了修订。2005 年 7 月，日本再次修订《水防法》，明确规定中小河流沿岸的地方政府（市町村政府）也有义务制作并公布洪水危险图。2017 年，《水防法》再次修改，要求把最大规模想定降雨作为外力输入条件，修正已编制的浸水想定区域图。

2.5.2   当前进展

1. 浸水想定区域图编制完成情况

根据《水防法》第十四条，浸水想定区域图编制的目的是确保洪水发生时迅速展开避险行动、减轻洪灾损失。其制作主体为国土交通省及都道府县地方政府，以"洪水预报河流"及发布"避险判断水位（特别警戒水位）"的"水位周知河流"为对象，图上标注河流泛滥的浸水想定区域及水深分布。此外，浸水想定区域图也为制作洪水危险图提供了基础地图。至 2019 年 10 月，浸水想定区域图的编制完成情况如下：

（1）由国土交通省管理的 448 条河流（洪水预报河流 298 条，水位周知河流 150 条），已全部完成编制。

（2）由都道府县政府管理的 1644 条河流（洪水预报河流 128 条，水位周知河流 1516 条）中，已完成 1615 条河流（洪水预报河流 128 条全部完成，水位周知河流 1487 条），仅有 29 条没有完成。

图 2.14 为高梁川水系小田川浸水想定区域图 ❶，该图于 2016 年发布。2018 年 7 月发生洪水，小田川堤防多处决口，导致仓敷市多数受淹，洪水实际范围、深度与浸水区域图高度一致。

根据 2017 年《水防法》的修改要求，截至 2019 年 10 月，已有 80% 的河流完成了考虑最大可能降雨的浸水想定区域图。

2. 洪水危险图编制完成情况

根据《水防法》第十五条，洪水危险图的制作主体为市町村地方政府。在"浸水想定区域"基础上，标明洪水实时预报信息的传送方式和避险场所等信息就成为洪水危险图，如图 2.15 所示。截至 2019 年 10 月，洪水危险图的编制完成情况如下：

（1）国管河流中，指定了浸水想定区域的 448 条河流所涉及的 779 个市町村全部公布了洪水危险图。

（2）都道府县管理河流所涉及的 1112 个市町村中，已公布的有 988 个市町村。

---

❶ 参见 http://www.cgr.mlit.go.jp/okakawa/bousai/hanran_sim/sim/pdf/L1/26_L1_oda1-1.pdf。

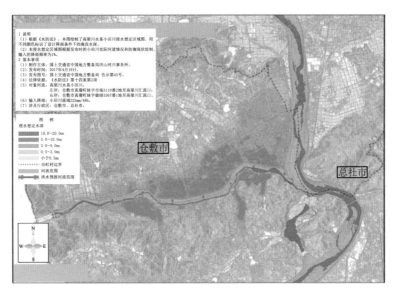

图2.14　高梁川水系小田川浸水想定区域图

除去与上述重复数后，被指定为浸水想定区域的 1356 个市町村中，有 1332 个（约占 98%）制成并公布了洪水危险图。

图2.15　洪水危险图样例❶

❶　参见 http://www.mlit.go.jp/river/basic_info/jigyo_keikaku/saigai/tisiki/hazardmap/ sankou1_kinkyu_hazardmap.pdf。

2.5.3　总体认识

制作洪水风险图是日本非工程防洪手段之一。纵观其发展历程，有以下三点基本的认识。

（1）日本的洪水风险图是一系列承载洪水及其风险信息的专业地图的总称。日本从 20 世纪 70 年代着手依据已有洪水记录编制"浸水实际图"，1985 年公布全国主要河流的制图成果。

（2）日本洪水风险图制作是一个循序渐进的过程，充分显示了法律保障的重要性。日本早在 20 世纪 70 年代末就开始了洪水风险图的编制研究，20 世纪 80 年代初编制"浸水实际图"，20 世纪 90 年代中期政府相关部门要求制作"浸水想定区域图"，但是进度并不如意。这不仅是因为制图的技术要求与资金投入大为提高，而且是因为和某些民众的直接"利益"产生了冲突："想定"的受淹区域内，土地与房屋的价格受到了影响，许多地方政府不愿意做这种出力又不讨好的事情。直至 2001 年与 2005 年两次修订《水防法》，明确了国家、都道府县与市町村各级政府的制图责任之后，"浸水想定区域图"与"洪水危险图"的编制工作才相继得以全面铺开，可见法律保障对推进非工程防洪措施具有至关重要的意义和作用。目前，日本的洪水危险图已经能够与洪水实时预报预警信息相结合，充分利用移动互联网等现代化的快速信息传播技术，使其在洪水应急响应行动中，发挥出更为积极有效的作用。

（3）日本洪水风险图的功能界定体现了其基本国情与洪水管理的实际需求。尽管相关的研究认为，洪水风险图应该在土地利用管理方面得到应用，为城市发展规划制定中有效规避洪水风险，以及为重要建设项目的洪水风险评价提供基本的依据，但是日本尚无相关法律赋予洪水风险图相应的法律地位，因此，现有的洪水风险图主要是服务于防汛应急管理，在相关规划与风险管理方面的作用有限。

2.6　暴雨洪水监测预警机制

2.6.1　地面暴雨洪水监测体系

1. 地面自动监测站点

日本全国的雨水情监测站网分别由国土交通省水管理·国土保全局、气象厅、地方（都道府县）水利行政部门建设。截至 2019 年统计，日本自动雨量站 8768 个（国土交通省 2315 个、气象厅 1299 个、地方水利部门 5154 个）、自动水位站 6752 个（国土交通省 1970 个、地方水利部门 4782 个，危机管理型水位计未包含在内）❶。

2. 测雨雷达监测站网

引发山洪和中小河流洪水灾害的主要为局部短历时强降雨，日本在人口集中或暴雨中心区域布设了高频度、高分辨率的 X 波段多参数（multi parameter，MP）雷达。相比于原有的 C 波段雷达，X 波段 MP 雷达定量监测半径虽然由 120km 缩短为 60km，但监测和报数据的时空分辨率，特别是局部短历时强降雨的捕捉、监测和预报能力大为增强，最小监测网格由 1km 提升至 250m，监测间隔由 5min 缩短至 1min，信息发送时间由 5~10min 缩短至 1~2min。此外，X 波段 MP 雷达可以直接获取雨粒形状，并从雨滴的扁平度推定雨量，因而不必通过地面雨量计加以校正，即可传输高精度的雨量监测数据。日本国土交通省现有 C 波段雷达 26 站、X 波段 MP 雷达 39 站。基于 X 波段 MP 雷达，国土交通省向社会公众提供任意一个流域未来 1~3h 短临降雨数值预报，以 5min 为间隔动画显示雨带移动和雨强分布，方便进行洪水分析 ❷。

2.6.2　气象部门实施的暴雨洪水预警

气象厅为了防止和减轻大雨和暴风等引起的灾害，发布警报，注意报等防灾气象信息。信息类型和建议采取的行动见表 2.3❸。

表2.3　　　　　　　　　　　　　　预 警 信 息 类 型

信息类型	建议采取的行动	预警等级
大雨特别警报（土砂灾害） 大雨特别警报（浸水灾害）	表示很有可能已经发生了某种灾难，需要立即采取行动挽救您的生命	5级
土砂灾害警戒情报 风暴潮特别警报 风暴潮警报	在有可能发生灾害的地区，请注意当地政府发布的避险建议，即使未发布避险建议，也请参考危险的分布情况自行判断避险	4级
大雨警报（土砂灾害） 大雨警报（浸水灾害） 洪水警报 风暴潮注意报（转换为警报的可能性很高）	该信息用作地方政府发布避险准备工作和老年人避险开始的指南，要求老年人立即转移避险	3级

❶　国土交通省防灾情报提供センター [EB/OL]. http://www.mlit.go.jp/saigai/bosaijoho/。

❷　参见 https://www.river.go.jp/x/。

❸　气象警报·注意报[EB/OL]. http://www.jma.go.jp/jma/kishou/know/bosai/warning.html。

续表

信息类型	建议采取的行动	预警等级
大雨注意报 洪水注意报 风暴潮注意报（转换为警报的可能性低）	请使用洪水风险图确认可能发生灾害的地区、避险目的地和避险路线	2级
早期注意信息	表示您需要为灾难做更多的准备。请了解最新的防灾天气信息，并提高对灾难的警惕性	1级

这些信息根据危险发展的程度逐步升级，如在暴雨发生一天之前，仅预报降大雨的可能性；半日到数小时前，会根据降大雨的预报，发布"大雨注意报""洪水注意报"；在数小时至 1~2h 前，当"降下引发重大灾害的大雨"情景趋于明确时，分类发布大雨警报与洪水警报，进而在"滑坡、泥石流及山洪的危险度增大"的情况下，发布"土砂灾害警戒情报"。为了努力提供有效的防灾活动支援，气象厅就这些信息的内容和发表的时间，经常与市町村、都道府县、国家机关、新闻媒体等机构交换意见。

2008 年 5 月以来，日本的大雨、洪水的"警报"与"注意报"采用了新的标准。在新的标准中，引入了土壤雨量指数与流域雨量指数，以替代以往的 24h 雨量，并以网格化的方式设定各市町村的基准值。从 2010 年汛期起，要求根据新的标准以市町村为对象，发布警报与注意报。特别是在警报发布时，要以附加括号的形式标明灾害的类型，如大雨警报（土砂灾害）、大雨警报（浸水灾害）等。在重点防灾的城市与灾害的高风险区，识别灾害风险分布差异的网格细化到以 $1km^2$ 为单元，并且将每单元网格的土壤雨量指数与流域雨量指数的阈值在网络上发布。需要说明的是，日本的洪水警报采用的方法是流域雨量指数法，面向的对象仅为水位周知河流或更小的山洪沟。

在获得大雨警报及洪水警报的情况下，当地防灾部门要根据预先设定的标准，结合当地的情况，作出是否有必要针对可能发生的重大灾害采取避险救援行动的判断，为市（町、村）行政首长发布避险转移令提供依据。

日本的避险等级分为避险准备、避险劝告和避险指示 3 种，只有避险指示具备一定强制性。自 2010 年汛期以来实施的大雨、洪水警报，对防灾活动明确做出了分级响应的规定：

（1）在发布"大雨注意报"与"洪水注意报"的情况下，启动黄色应急响应，即仅防灾相关部门与组织启动准备，社会仍保持正常运转。

（2）在发布大雨警报与洪水警报的情况下，启动橙色响应，这时处于警报区域的民众开始做避险的准备，市町村政府首长发布"避险准备"指令。

（3）当发布土砂灾害警戒情报时，发布红色的"避险劝告"指令，并帮助

"灾害脆弱人群"（医院、老人院、幼儿园的人员及有老弱病残的家庭）实施转移。值得注意的是，按照新的预警机制，市町村行政首长仅当灾害造成伤亡危险性很高或已经发生的情况下，才发布"避险指示"；而对有能力自行避险行动的人们，仅发布"避险劝告"，劝告他们按预案采取向避险场所转移的行动。而对于内涝，由于其危害性的差异很大，更需要人们根据实时实地降雨情况因地制宜地采取自保措施，故政府不对防灾行动发布硬性的指令。

 ## 知识链接 2

2017年7月九州北部山洪灾害气象部门预警发布❶

2017 年 7 月，受强降雨影响，九州北部多地发生严重的山洪灾害，造成大量人员伤亡。在暴雨过程中，气象部门一直发布暴雨、洪水、土砂灾害的预警信息。

从洪水警报危险度分布图（图 2.16，基于流域雨量指数绘制）可以看出，7 月 5 日 13 时 30 分，筑后川右侧支流水量基本已处于注意警戒的级别，桂川、赤谷川（筑后川的右岸支流）都已达到非常危险的警戒级别；仅经过 1.5h 后到 15 时，筑后川右侧支流水量几乎都达到了极度危险的最高警戒级别。

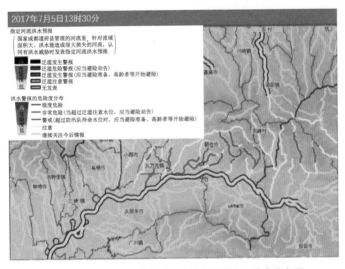

（a）7月5日13时30分筑后川及其支流洪水危险度分布图

图2.16（一）　洪水报警危险度分布图

---

❶ 平成 29 年 7 月九州北部豪雨災害を踏まえた避難に関する検討会[EB/OL]. http://www.bousai. go.jp/fusuigai/kyusyu_hinan/index.html。

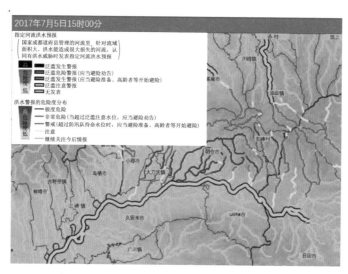

（b）7月5日15时筑后川及其支流洪水危险度分布图

图2.16（二）　　洪水报警危险度分布图

表2.4、表2.5为气象部门发布的福冈县朝仓市、大分县日田市大雨警报、洪水警报、土砂灾害警戒情报及其地方政府的响应行动。

表2.4　　气象部门发布的预警信息和地方政府的响应行动

时间	福冈县朝仓市	朝仓市东峰村
9:00—13:00	9:32大雨注意报、洪水注意报	
13:00—14:00	13:14大雨警报、洪水警报 13:28创纪录短时间大雨信息发布 13:50创纪录短时间大雨信息发布	13:14大雨警报、洪水警报 13:14灾害警戒总部启动
14:00—15:00	14:10土砂灾害警戒情报 14:10灾害警戒总部启动 14:15避险准备，组织高龄人群开始避险（全市） 14:26升级至灾害对策总部 14:26避险劝告（全市）	14:10发布土砂灾害警戒情报 14:15避险准备，组织高龄人群开始避险（全村）
15:00—16:00	15:12创纪录短时间大雨情况发布 15:30对三奈木、金川、福田、蜷城、立石发布避险指示（寺内水库发出泄洪指令）	15:15避险劝告（全村） 15:30灾害对策总部设置 15:39创纪录短时间大雨情况发布 15:47创纪录短时间大雨情况发布

续表

时间	福冈县朝仓市	朝仓市东峰村
16:00—17:00	16:20避险指示（松末） 16:36创纪录短时间大雨信息发布	
17:00—18:00	17:25避险指示（志波） 17:50创纪录短时间大雨信息发布 17:51大雨特别警报	17:51大雨特别警报
18:00—19:00	18:07避险指示（甘木、马田）	18:15创纪录短时间大雨情况发布
19:00—20:00	19:07创纪录短时间大雨情况发布 19:10对全市发出紧急避险指示	
20:00—21:00	20:18创纪录短时间大雨情况发布	

注 黑色字体为气象部门发布的预警信息，蓝色字体为地方政府的响应行动，红色字体为地方政府发布的转移避险指令。

表2.5 气象部门发布的预警信息和地方政府的响应行动

时间	大分县日田市
11:00—13:00	11:04大雨警报
13:00—14:00	13:31洪水警报 13:45土砂灾害警戒情报 13:52避险准备，组织高龄人群开始避险（小野、大鹤地区）
14:00—15:00	14:15灾害警戒室启动
15:00—17:00	15:08创纪录短时间大雨情况发布（中津江） 15:15避险劝告（铃连镇、殿镇、鹤城镇、鹤河内镇、上宫镇）
17:00—18:00	17:40避险劝告（东有田地区、西有田地区） 17:55避险准备，组织高龄人群开始避险（发出避险指令的地点除外）
18:00—19:00	18:08创纪录短时间大雨情况发布 18:45避险指示（大鹤、小野、夜明、三花、光冈、桂林、咸宜、东有田、西有田地区）
19:00—20:00	19:55大雨特别警报

注 黑色字体为气象部门发布的预警信息，蓝色字体为地方政府的响应行动，红色字体为地方政府发布的转移避险指令。

2.6.3 河流洪水预警

1. 洪水预报和水位周知河流

频繁发生的山洪及中小河流洪水灾害，迫使日本深入总结研究中小河流洪水灾害防御中暴露出的薄弱环节并弥补改正。2001 年和 2005 年，日本两次修改了《水防法》❶，其中对洪水预报方面条文修改如下。

《水防法》第十一条："都道府县行政首长应针对国土交通省行政首长指定的河流之外，可能会因洪水遭受相当损失的河流实施洪水预报"。在法律修改之前，地方（都道府县）政府不对地方管辖的河流进行洪水预报，《水防法》第十一条明确了地方政府洪水预报的职责，也使洪水预报河流范围大幅度扩大。

《水防法》第十三条："除了洪水预报河流，将其他河流的水位向公众广泛告知（日文称为水位周知）"。在法律修改之前，对于一些流域面积较小、洪水预报难度大的河流，不向社会提供实时的监测避险水位信息。《水防法》第十三条要求，对于主要的中小河流，如果预警响应时间小于洪水预报信息传达的时间，则必须向社会告知洪水避险水位和实时监测水位等信息。

从修改《水防法》开始，日本的河流逐渐分为洪水预报和水位周知河流两种类型。对于一些流域面积较大、相对比较重要的河流，中央（国土交通省）和地方（都道府县）要进行洪水预报；对于一些流域面积小但因洪水确可能会遭受人员与经济损失的河流，必须让社会周知洪水避险水位和实时监测水位等信息。近年来，日本洪水预报河流和水位周知河流数量呈逐步增加之势，见表 2.6。对比 2005 年，2016 年由中央负责的洪水预报河流数量增加了 45%，由地方负责的洪水预报河流数量增加了 212%❷。

表2.6　　　　　　　　日本洪水预报和水位周知河流数量

年份	洪水预报河流（中央负责）	洪水预报河流（地方负责）	水位周知河流（中央负责）	水位周知河流（地方负责）
2005	206条	41条	121条	819条
2010	279条	114条	125条	1352条
2015	293条	126条	136条	1433条
2016	298条	128条	149条	1478条

2. 预报预警流程

对于洪水预报河流，为了延长预见期，洪水预报的雨量预报信息是由气象厅提供的。水利部门（国土交通省、地方土木事务所）负责采用水文模型，结合下垫面条件，预报指定断面的洪水过程。当预报水位超过水位预警指标时，即发布预警，流程图如图 2.17 所示。

❶　水防法［EB/OL］. http://elaws.e-gov.go.jp/search/elawsSearch/elaws_search/lsg0500/detail?lawId=324AC0000000193。

❷　水害・土砂災害に関する防災情報［EB/OL］. http://www.mlit.go.jp/river/shinngikai_blog/hazard_risk/dai01kai/dai01kai_siryou3-2.pdf。

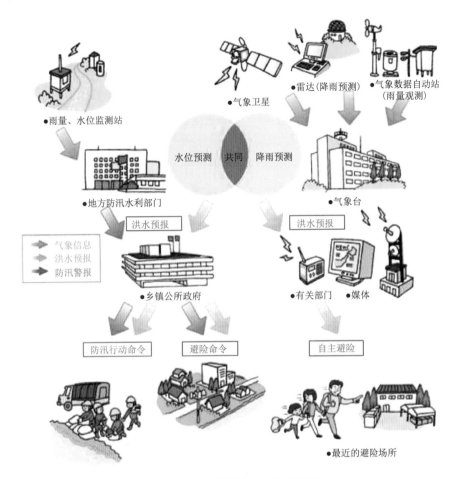

图2.17　洪水预报部门合作信息流程图

　　一条洪水预报河流可能有1~2个预报区间，多集中在河流的中下游。如和歌山县有田川，流域面积为468km^2，河长94km。有田川仅有一个洪水预报区间，区间长22km，涉及两个城镇（有田市、有田川町）。在本预报区间段，共有两个水位基准地点，根据对这两个基准地点的水位预报，相关两个城镇进行相应级别的响应，见表2.7。

表2.7　　　　　　　　　　　和歌山县有田川预报区间

河流名	预　报　区　间	基准地点	涉及城镇
有田川	左岸：有田川町大字东大谷855号至出海口	金屋水位观测所	有田市
	右岸：有田川町大字二川502号至出海口	粟生水位观测所	有田川町

　　洪水预报预警水位分为水防团待命水位、泛滥注意水位、避险判断水位、

泛滥危险水位 4 个级别。各水位的意义及对应行动如下：

（1）水防团待命水位。水防团（防汛抢险队伍）等待调动命令的水位信号。对于洪水预报河流，达到此水位，且预报水位继续上升时，启动洪水预报程序。

（2）泛滥注意水位。该水位用以提示河流可能会发生泛滥。水位达到泛滥注意水位，且预报水位继续上升时，发布泛滥注意警报。市町村根据情况，适时发布避险准备警报，居民做好准备，以备随时开始避险。

（3）避险判断水位。该水位相当于警戒水位。考虑避险指令发布所需时间、预警信息传递所需时间、历史洪水中水位上升速度、流域产汇流特征等因素综合确定。水位达到避险判断水位，且预报水位继续上升时，发布泛滥警戒警报，居民做好避险准备，老人等行动不便人员立即开始避险❶。

（4）泛滥危险水位。该水位相当于保证水位。河流洪水达到此水位时，可能会发生堤防溃决或漫溢，或发生一定程度的房屋浸水等灾害，是在河流各处设定的水位。在实际应用中，可利用"短板效应"，将一个河段的短板对应的水位推导至水位观测所，从而确定水位站的泛滥危险水位，用作洪水预报的指示标，如图 2.18 所示 ❷。当预报水位达到泛滥危险水位时，发布泛滥危险警报，通知居民立即避险。

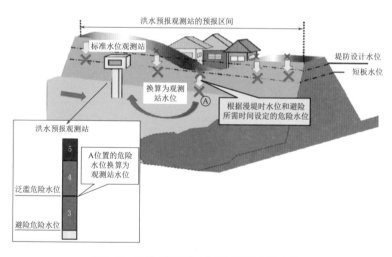

图2.18　通过"短板效应"确定泛滥危险水位

对于洪水预报河流，当水位到达水防团待命水位或观测降雨达到启动状态

❶　洪水予報河川における避難判断水位の設定要領 [EB/OL]. http://www.mlit.go.jp/river/shishin_guideline/bousai/saigai/suii/pdf/hinan_suii.pdf。

❷　危険水位及び氾濫危険水位の設定要領 [EB/OL]. http://www.mlit.go.jp/river/shishin_guideline/bousai/saigai/suii/pdf/kiken_suii.pdf。

时，启动洪水预报工作；当水位降至水防团待命水位以下且预报水位持续下降时，停止洪水预报工作。洪水预报单标题分为 ×× 河流泛滥注意警报、×× 河流泛滥警戒警报、×× 河流泛滥危险警报、×× 河流泛滥发生警报四类，预报单根据实测水位和预报水位的量值进行切换（图 2.19）

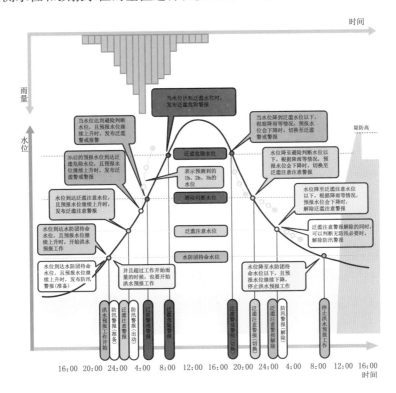

图2.19　洪水预报启动、切换及停止的时机

对于水位周知河流，不进行预报，仅作监测（气象部门单独采用流域雨量指数的方法预警）。水位周知河流的水位为泛滥注意水位（原警戒水位）、避险判断水位、泛滥危险水位（原特别警戒水位）。当实时监测水位超过泛滥注意水位时，即发布预警。当水位继续上涨时，预警级别和居民的响应行动也随之升级。洪水预报河流和水位周知河流的水位、预报单名称、市町村响应和居民的行动如图 2.20 所示。

3. 预警信息的传达

国土交通省（或地方水行政管理部门）和气象部门所发出的洪水预报预警信息，通过电话、传真等方式传达到都道府县知事，而都道府县知事将预警信息传达给市町村防汛负责人。为了扩大预警覆盖面，《水防法》建议国土交通省

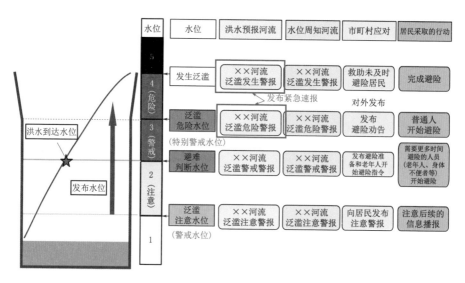

图2.20　洪水预报河流和水位周知河流的预警级别及预警水位❶

和地方政府通过媒体等向社会发布。在紧急情况下，国土交通省也可以直接面向公众发布预警（图2.21），但避险的预警信息一般情况下只能由市町村防汛负责人（行政首长）发布。

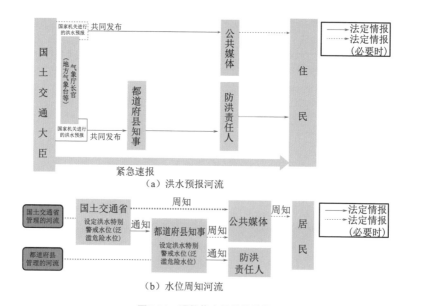

图2.21　预警信息的传达路径

---

❶　水害・土砂災害に関する防災情報 [EB/OL]. http://www.mlit.go.jp/river/shinngikai_blog/hazard_risk/dai01kai/dai01kai_siryou3-2.pdf。

（1）当洪水预报显示水位已达到水防团待命水位时，消防机构和防汛抢险队伍做好防汛准备。

（2）当洪水预报显示未来或现在达到避险判断水位时，市町村防汛责任人要求居民做好避险准备，老年人则需要立即转移避险。

（3）当洪水预报显示未来或现在达到泛滥危险水位时，市町村防汛责任人面向全体居民发出立即避险劝告指令（非强制），所有人立即转移避险。

（4）当洪水达到泛滥危险水位、预计出现紧急情况，或实际泛滥已发生时，国土交通省（或地方水利部门）对受威胁的居民的智能手机定向推送紧急速报，发布避险指示的命令，以更加紧迫的口吻提醒受威胁民众立即采取避险行动，如图 2.22 所示。自 2017 年开始，紧急速报发布次数逐年增加，2018 年 7 月西日本大洪水共发布 53 次。

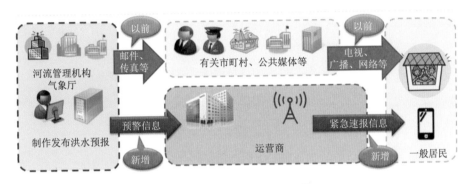

图2.22　紧急速报的发送路径❶

知识链接 3

河流事务所与市町村长的热线联络机制❷

2004 年有 10 次台风登陆，加之梅雨锋引发集中暴雨，造成各地发生严重洪水灾害。当时，由于市町村长发布避险劝告不够及时，许多居民在收到避险劝告后也没能进行避险。以此为契机，2005 年，内阁府制定了《避险劝告等的判断·传达手册制定指南》，并推进各地方政府制定避险劝告等的发布标准。国土交通省暴雨灾害对策综合政策委员会于 2005 年 4 月 18 日提出了《关于推进暴雨灾害综合应对措施的建议》。

---

❶ 洪水時における情報提供の充実に係る説明資料について [EB/OL]. http://www.mlit.go.jp/river/shishin_guideline/bousai/saigai/suii/pdf/jyoho_shiryo.pdf.

❷ 中小河川におけるホットライン活用ガイドライン [EB/OL]. http://www.mlit.go.jp/river/shishin_guideline/kasen/pdf/chusyou_hotline.pdf.

这项建议中指出，市町村长很少遇到需要避险的暴雨灾害，而且对灾害事件也不一定熟悉，为使市町村长顺利发布避险劝告，有必要增进他们对河流水位、土砂灾害、风暴潮等信息的了解，故需要建立向市町村等的支持机制。即在需要发布避险劝告的紧急情况下，建立由水利行业部门直接向市町村长进行建议的机制，帮助市町村长判断情况，提出参考建议和解释。有些地区已有类似的先例，这个建议被采纳后，从 2005 年起，对于国家管理的河流，开始正式实施由国土交通省的河流事务所所长直接通过热线向市町村长说明河流状况和变化趋势的做法。自此，对于防洪活动和避险行动，河流事务所和市町村长等在日常工作中逐步明确了他们之间各自的角色、作用等。因此，自 2005 年开始，对于国家管理的河流，逐步落实了热线的做法。这一做法实行的 10 年间，每年热线联络超过 100 次。

对各都道府县，由于河流特征、防灾体制、主管机构、市町村的信息共享方法以及信息的内容等都有很大差异，所以接收者也不一定限定为市町村长，而是从确保实效性的角度选择最有效的实施方式。

目前，各地热线联络有下列 5 种模式：

（1）都道府县知事→市町村长。

（2）都道府县政府的水利部门负责人→市町村长。

（3）都道府县政府管理部门的负责人→市町村长（防灾担当干部职员）。

（4）水利主管机构的负责人→市町村长（防灾担当干部职员）。

（5）应急管理主管机构的负责人→市町村长（防灾担当干部职员）。

从这些模式中可看出，发送者有知事、地方水利部门、地方应急管理部门等人员，性质多样，但是接收者大多是市町村长。

通过热线向市町村长传递信息内容主要如下：

（1）目前的水位情况，说明当前的水位危险等级。

（2）未来水位上升和降雨情况。

1）提供气象台降雨预报的信息。

2）对于洪水预报河流，将根据洪水预测结果提供未来变化趋势信息。

3）对于没有洪水预测的水位周知河流和其他河流，在上游有水位计的情况下，根据与上游水位相关的水位规律预测河流水位变化趋势；在上游没有水位计的情况下，根据过去的降雨量与水位状况和灾害发生情况之间的关系，提供根据目前降雨量推测水位变化趋势的预测信息。

（3）假设的受灾危险场所和受灾情形。

　　1）适当说明有可能出现的灾情。

　　2）如果可以实时进行洪水模拟，则报告模拟结果。

　　（4）过去类似的洪水。

　　1）根据降雨情况和水位上升情况，提供过去类似的洪水信息。

　　2）对于台风，在接近之前根据气象台的路线预测等提取类似的历史台风，并提供这些历史台风所造成的受灾情况、降雨情况等信息。

　　（5）上下游的情况。

　　1）正确传达诸如水库泄洪影响和将来泄洪预期等信息。

　　2）对受灾情况、排水泵场、泵车的运转情况、周边地区情况及对本地的影响等，提供适当的信息。

　　3）在潮汐影响的地带，参考退潮和涨潮时间，说明对水位的大概影响。

4. 自主避险

　　当气象部门和国土交通省（或都道府县土木事务所）发出大雨或洪水警报时，根据《防灾对策基本法》的有关规定，市町村政府成立灾害对策指挥部。市町村负责人为了保护居民的生命安全，防止灾情扩大，在必要时向居民发出避险劝告或指示，说明避险理由，保证避险路线的畅通。

　　当居民通过各种渠道得知避险劝告或避险指示时，自主进行避险，并取得警察的援助。同时，和自主防灾组织或自治会、居民组织、红十字会等组织联系，尽量进行集体避险。避险场所一般是学校、居民区福利设施、企业见习场所和一些广场等公共场所。这些避险场所都配备有必要的避险物资，供避险居民使用。

 知识链接 4

2018年7月西日本暴雨洪水避险的教训[1]

　　2018 年 7 月，西日本洪水造成 223 人遇难，8 人下落不明，20663 栋房屋损毁，915849 户家庭、20007849 人接到紧急避险指示。在人员避险方面，总结的教训如下：

　　（1）应对意识不足。根据《水防法》，河流流经的市町村要编制洪水风险图（即上文中的洪水危险图），其中不仅包括可能被淹没的区域，还划定了必须尽早撤离避险的区域和避险所位置。灾后经检验，风险图的准确性极高，此次洪水溃堤的仓敷市小田川实际淹没面积、浸水深度和洪水

---

❶ 刘哲．"7·5"日本西部暴雨案例分析 [J]．中国减灾，2018(17):58-61。

风险图高度一致。然而，非常遗憾的是，很多居民并没有看过洪水风险图，在暴雨洪水灾害防灾减灾科普方面，政府和民众的重视程度远不如地震灾害。

（2）非强制避险响应不足。日本的避险等级分为避险准备、避险劝告和避险指示 3 种，只有避险指示具备部分强制性。政府虽然发出了避险准备的通知，但真正接受建议的居民有限。在受灾严重的仓敷市，地方气象台及时发布了大雨特别警报，地方水利主管部门及时发布了洪水预报（图2.23），地方政府同时开放了避险所，但多数日本居民存在侥幸心理未外出避险，加上雨势较大，一些地区最大暴雨发生在夜间，即使接到避险通知，雨夜中的居民往往会觉得留在家中是更安全的选择而错失了逃生时机。国土交通省和气象厅在雨势最严重的时候，向 600 万人发出过疏散命令，但很多民众并没有当回事。据报道，在仓敷市市立园小学避险的 80 岁老奶奶称，听了 7 月 6 日的避险指示广播，邻居也让她一同坐车避险，但她没想到会发这么大的水，所以没有去，结果被困在了自家二楼，最后被消防员用船救出，她反省说"太大意了"。据法新社援引灾害专家指出："人们容易忽视负面信息，试图不撤离，所以在遇上突发的洪水和泥石流时，难以立即作出反应。"

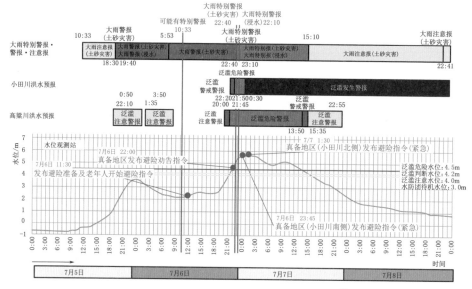

图2.23　2018年7月洪水小田川预警发布情况图❶

❶　平成 30 年 7 月豪雨による水害・土砂災害からの避難に関するワーキンググループ [EB/OL].
http://www.bousai.go.jp/fusuigai/suigai_dosyaworking/index.html.

（3）老年行动不便人员避险困难。2016年12月，日本内阁府发布了《关于"避险准备信息"变更的通知》，为了明确高龄者等开始避险的时间，将"避险准备信息"变更为"避险准备、高龄者等避险开始"。然而，在此次洪灾中，死亡或失踪人口大部分仍为高龄者。特别是在受灾最为严重的冈山县仓敷市，近八成溺死者为老年人。许多独自居住的老年人因行动不便，无力独自前往避险地点，也没有能力爬上屋顶避灾，因此在一楼家中被淹。老龄化严重已成为当今日本不得不面临的事实，也对灾难的抵御带来巨大挑战。

5. 预警信息发布平台

日本特别注重预警信息发布渠道的多样化，以邮件、电话、网站、短信、广播、电视、传真等为载体，确保预警信息能够传达到所有的关联机构（警察局、消防局、媒体等）和普通民众。就预警的发布方式而言，主要有Push（推送）和Pull（关注）两种类型。其中由国土交通省向受威胁的民众发出的紧急速报信息属于Push型，该信息传播方式具有定向性的特点。Pull（关注）型是指受众通过收看电视节目、上网、收听收音机等获得信息，民众关注、订阅该预警信息后可自主避险。由于各市町村信息提供手段有所不同，采用何种手段、以什么图的形式向居民提供实时动态信息，都应考虑居民的认知能力，以居民易于理解的方式展示。

日本国土交通省建立了全国性的洪水预警发布网站"川的防灾情报"（www.river.go.jp），各都道府县也都建立了地方的洪水预警发布平台（含洪水预报河流与水位周知河流），日本雅虎等主流网络媒体都把防灾预警作为网站的重要栏目，发布气象、河流洪水、火山、地震等各类灾害的预警信息。

作为最主要的预警信息发布平台，"川的防灾情报"具有电脑和手机浏览模式，集成了日本各部门和地方约7400处自动雨量站（采集频率为10min）、6600余处自动水位站（采集频率为10min）、所有C波段雷达和X波段MP雷达实时监测信息和预报信息，负责发布和展示全国所有洪水预报河流、水位周知河流及所有水库泄洪预警信息。

在"川的防灾情报"上可获取任意一个处于洪水预报范围内的河流预报状态，也可获取任意一个洪水预报基准地点的当前水位和预报水位（图2.24）。值得说明的是，洪水预报基准地点横断面图必须标注两岸居民住所与河流堤防高度的位置关系，并标识各特征水位高程，以便普通民众快速了解接受对应的预警信息。

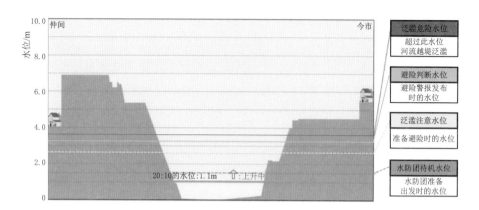

图2.24   洪水预报基准地点横断面图（栃木县今市断面）

2.7   TEC-FORCE派遣机制

日本紧急灾害对策派遣队（technical emergency control force，TEC-FORCE）成立前，发生大规模自然灾害时，由国土交通省所直辖的地方整备局等部门对灾区进行技术援助。在 2004 年第 23 号台风带来的元山川堤防溃决、2004 年新潟中越地震、2007 年新潟中越冲地震等多次灾害中，各抢险队伍通过提供污水泵车紧急排水，利用卫星通信车对灾区进行影像传送和受灾情况调查，为灾区及早重建恢复做出了贡献。通过这些灾害发生后采取的应急活动，逐步建立起了针对灾区的技术队伍援助体制。为了更好地应对大规模自然灾害，更加快速有效地为地方政府提供支援，日本国土交通省于 2008 年 4 月，整合了所辖地方整备局的技术工作人员队伍，建立了日本紧急灾害对策派遣队（TEC-FORCE）❶，由国土交通省灾害对策本部长统一指挥全国各地方整备局工作人员开展技术援助行动。日本国土交通省明确了 TEC-FORCE 的职责：在大规模自然灾害发生时，通过提供技术支持和援助，快速掌握灾区的灾害情况，防止发生次生灾害，协助灾区重建恢复。

2.7.1   人员编组

TEC-FORCE 指挥总部设置在国土交通省，全国各地方整备局为主力，在灾害发生时，根据灾害的规模从全国集结。截至 2019 年 11 月，日本 TEC-FORCE 人员共有 12654 名，其中各地方整备局 10261 人，气象厅、国土技术政

---

❶   TEC-FORCE（紧急灾害对策派遣队）[EB/OL]. http://www.mlit.go.jp/river/bousai/pch-tec/index.html。

策综合研究所、地方运输局等单位人员 2393 人。

TEC-FORCE 队员由防洪、地质灾害防治、道路抢修等方面的专业技术人员组成，分为灾情调查小组（直升机调查）、实地支援小组、先遣小组、高级技术指导小组、信息通信小组、应急处置小组、灾情调查小组（实地调查）、现场支援小组，见表 2.8。

TEC-FORCE 队员日常开展的工作包括防洪，地质灾害防治，道路的调查、计划、设计业务及现场业务，管理事务等，并接受专业技术的培训。

表2.8　　　　　　　　　　TEC-FORCE人员编组表

分组	具 体 任 务
灾情调查小组（直升机调查）	利用直升机从空中对灾区进行灾情侦查
实地支援小组（灾区支援联络）	了解灾区的灾情和支援需求，并向地方整备局进行报告，根据实际情况提供技术建议
先遣小组	先行派遣由"紧急灾害对策派遣官"作为组长的先遣小组，了解受灾情况和需要的支援规模
高级技术指导小组	对特定的受灾现象等进行灾情调查，提供高级技术指导，对受灾设置提供应急处置指导
信息通信小组	利用卫星通信车、Ku-SAT（便携式卫星通信站）等设备，确保受灾地的影像信息传送和通信线路畅通
应急处置小组	利用照明车、水泵车、应急组装桥梁等设备器材，为灾区提供应急支援
灾情调查小组（实地调查）	通过实地考察等方式，了解公共基础设施等的受灾情况，为了防止发生次生灾害，提供应急复原等技术支持
现场支援小组（现场运用调整）	负责实地活动情况报告、活动所必需的设备器材的筹措调整以及现场活动各小组与灾害指挥部的联络协调

国土交通省和各地方整备局为 TEC-FORCE 配备了应急抢险和通信装备，主要包括排水泵车、照明车、现场指挥车、远程指挥系统、卫星通信车、Ku-SAT（便携式卫星通信站）、直升机等（表 2.9、图 2.25~ 图 2.30），此外还配备应急组装桥、洒水车、桥梁检查车、道路侧沟清扫车、路面清扫车等。

表2.9　　　　　TEC-FORCE应急装备配备表（截至2017年4月）

单位：辆

地区名	排水泵车	照明车	现场指挥车	远程指挥系统/套	卫星通信车	Ku-SAT/套	直升机/架
北海道	27	15	8	1	4	14	1
东北	45	29	10	2	4	19	1

续表

地区名	排水泵车	照明车	现场指挥车	远程指挥系统/套	卫星通信车	Ku-SAT/套	直升机/架
关东	41	41	25	2	9	29	1
北陆	39	37	11	3	4	20	1
中部	36	34	15	2	6	17	1
近畿	32	27	17	1	7	21	1
中国	33	24	6	1	5	16	1
四国	33	28	11	2	5	8	1
九州	60	24	9	2	4	16	
冲绳	1	3	1	0	1	6	1
合计	347	262	113	16	49	166	8

图2.25　排水泵车（30m³/h）

图2.26　照明车

图2.27　卫星通信车

图2.28　现场指挥车

图2.29　Ku-SAT

图2.30　直升机

2.7.2 派遣体制

国土交通省建立了基于灾害规模和分级管理的 TEC-FORCE 派遣机制（图 2.31）。当中小灾害发生时，在当地 TEC-FORCE 管辖区域内的灾区地方政府，向当地地方整备局发出派出 TEC-FORCE 请求，经地方整备局同意后，派 TEC-FORCE 赴灾区进行技术指导。当大规模灾害发生时，灾区的地方整备局（灾害对策总部）向国土交通省发出请求，同意后，国土交通省对灾区以外的地方整备局发出指示，其他地方整备局分别向灾区地方整备局和灾区地方政府派出支援，同时灾区地方整备局也会向地方政府派出技术指导。

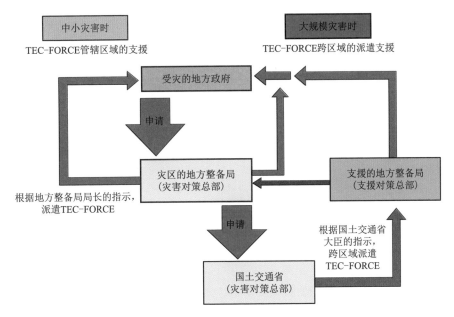

图2.31　TEC-FOECE派遣机制流程图

 知识链接 5

TEC-FORCE派遣实例

TEC-FORCE 自 2008 年成立以来，截至 2017 年 10 月底，为以东日本大地震为代表的 78 场灾害提供了应急派遣，派遣人数累计超过 6 万人次。

（1）2011 年 3 月东日本大地震。2011 年 3 月 11 日，日本东北部太平洋海域发生强烈地震，地震引发海啸，对日本东北部岩手县、宫城县、福岛县等地造成毁灭性破坏，损失巨大，并引发福岛第一核电站核泄漏。针对本次灾害，在国土交通省的指示下，地震发生后的第二天，从各个地方整备局派出约 400 名 TEC-FORCE 队员赴灾区参与救援。超过 500 名队员在余震不断的情况下，通过排水泵车进行排水，调查道路、堤防的受灾情况。启动直升机，获得第一手宝贵影像资料；利用卫星通信车确保已中断线路恢复正常通信。据统计，3 月 11 日—11 月 21 日，累计派出 18115 人次对东日本大地震进行技术援助。仅灾后一个月内，就累计派出 5760 台 / 次灾害应急设备（排水泵车、卫星通信车等）。

（2）2014 年 8 月广岛山洪地质灾害。2014 年 8 月 19 日以来，受强降雨影响，广岛市共发生 166 起山洪地质灾害，其中泥石流 107 起、山体滑坡 59 起，累计有 4000 余间房屋损毁，造成 75 人死亡。灾害发生后，广岛县地方整备局通过直升机掌握第一手受灾情况。国土交通省从日本多个地方整备局派遣 TEC-FORCE，对土砂灾害危险区进行评价、搜索，参加重建恢复，防止次生灾害。8 月 20 日—9 月 23 日，累计派出 2523 人次，其中 8 月 28 日，单日派出 140 人。8 月 20 日—10 月 30 日，累计派出约 590 台 / 次灾害应急设备。

（3）2017 年 7 月九州北部山洪灾害。2017 年 7 月 5—6 日，受第 3 号台风"南玛都"和梅雨季节湿润气流的影响，日本九州岛北部福冈、大分县多地出现了超历史极值的强降雨，强降雨导致多地出现严重的山洪灾害，41 人死亡失踪。7 月 6 日—8 月 16 日，九州、东北、关东、北陆、近畿、中国、四国地方整备局、国土地理院累计派出 4095 人次对 2 个县 11 个市镇村约 1800 处地点开展河流、道路等受灾情况调查，道路清理等工作，向受灾地方政府提出了重建实施方案，为灾情评估和灾后恢复做出了突出贡献；为了防止地质次生灾害，对 1300 处土砂灾害危险区的 570 处地点进行了应急排查。在 2017 年 7 月 6 日—8 月 16 日 40 天内，TEC-FORCE 累计派出 4095 人参与技术援助和抢险。

2.8 水防团运行管理机制

水防团是日本的民间兼职防汛抢险队伍 ❶。根据《水防法》的规定，市町村

---

❶ 水防团の実態 [EB/OL]. http://www.mlit.go.jp/river/shinngikai_blog/suiboukatsudou_kasseika/dai01kai/dai01kai_siryou2.pdf.

都要建立水防团，水防团听从都道府县和市町村行政首长的指挥。水防团在没有水灾的时间从事正常的工作，若发生洪灾或其他突发紧急情况时，立即集结出动，在地方政府水行政主管部门的指导下开展相关防汛抢险活动，地方政府将提供相关福利待遇。《水防法》要求各地建立水防团与消防团（民间消防组织）联合行动的水防协力团体制度，因此在大多数地方，水防团员同时也是消防团成员，既灭火又抗洪。

2.8.1　职责和人员

根据《水防法》，水防团具有以下职责：

（1）巡堤查险。巡查堤防，发现堤防出现险情时，立即向市町村政府报告。

（2）抢险施工。根据险情的类型和程度，采取相应的抢险施工方法（图2.32和2.33）。

图2.32　京都府桂川修筑子堤　　　图2.33　大琦市吉田川修筑月堤
　　　（2013年9月）　　　　　　　　　（2015年9月）

除以上任务外，引导避险、居民救助、排涝排水、采购防汛物资、训练培训等也都在水防团的职责范围内。

历史上，日本的抗洪抢险都是由市町村水防自治组织（水防团）承担的。直到2020年，每个地区的水防团仍在进行各种抗洪抢险活动，在减少洪灾损失方面发挥着重要作用。但受日本人口老龄化和社区管理弱化的影响，水防团人员的数量已大大减少，防汛抢险工作面临着人手不足的挑战。据2016年统计，日本各地的水防团团员867534人，比2001年少了近10万人，其中单纯承担抗洪的团员13988人，消防团员853546人，消防团员比例达98%。

水防团由社会兼职人员组成，公司雇员所占的比例为73%，其他为自由职业者或大学生。从都道府县来看，水防团团员人数由于地区的不同而有差异，多的地方有3万～4万人，少的地方有0.5万～1万人。团员的出动状况因年而异，最近 10 年每年有 10 万～ 30 万（平均约 18 万）的团员出动。

2.8.2　保持战斗力的做法

水防团由社会兼职人员组成，在日本洪灾越来越严重和进入老龄化、人口减少的背景下，保持水防团的战斗力尤为重要。

1. 积极招募团员❶

（1）利用每年防汛月的契机，制作海报及宣传册，面向社会招募水防团团员。

（2）把女性团员招募作为重中之重，招募海报中突出女性团员的形象，积极宣传女性团员的贡献。

（3）提供面向大学生的认证。京都市从 2015 年开始，实施了"京都市学生水防团活动认证制度"。如果大学生在学校学习时，同时致力于水防团活动，对地区社会做出了贡献，则水防团对这些大学生给予功绩认证，为大学生的就业提供支持。

2. 水防团体合作与训练

（1）建立临近的水防团（消防团）合作制度，一方为另一方提供物资和人员的支援，共同提高地区的抗洪抢险能力。

（2）与拥有大型重型机械的建筑施工企业签订合作协议，对民间企事业单位进行抢险活动时给予优先通行的权限。

（3）以提高地区的抗洪抢险技术水平为目的，参加由国家、都道府县、市町村的防灾相关机构组织的综合演练。

（4）为了提高水防团的抢险技术水平及传承老专家的技术，举办以抢险技术为主体的讲习会。地方政府将精通抢险技术的人才登记为"水防专家"，他们应水防团的要求，进行上门讲座。

3. 高度重视水防团员人身安全

（1）吸取东日本大地震和海啸灾害导致正在抢险的团员牺牲的教训，修订地区防汛抢险预案时，追加了穿救生衣、携带通信机器、提前撤离等确保人身安全的要求和事项。

（2）抗洪抢险时，水防团员必须穿救生衣，携带可以利用的通信机器。为了防止疲劳引起的事故，建立团员轮班制度。

（3）为了确保水防团员的安全，指挥长需要全面掌握现场状况，根据现场事态，迅速下达撤离避险的指令。

4. 提高团员士气

（1）为了得到国民对水防团的理解和协助，在向国家、地方政府报告防汛

---

❶　水防活動活性化に係る取組の現状と課題 [EB/OL]. https://www.mlit.go.jp/river/shinngikai_blog/suiboukatsudou_kasseika/dai01kai/dai01kai_siryou3.pdf。

抢险活动的同时，积极宣传抗洪抢险活动。可邀请当地媒体（报纸和电视台）等报道抗洪活动。同时指派专门摄影人员，拍摄抢险施工时有身临其境感的照片。

（2）每年国土交通省召开水防团体表彰大会，国土交通省主要领导对有功绩的抗洪抢险个人和团体进行表彰。此外，都道府县、市町村、相关团体等也实施类似的表彰。

（3）建立日本水防管理团体联合会❶，建立了会员制度，开发了联合会网站，经常组织会员交流经验。

2.9　本章小结

（1）日本建立了相对完整并根据实际应对灾情不断完善的防洪法律法规体系。在经济社会快速发展、城镇化进程迅猛的情况下，日本积极应对洪灾风险特征演变，形成了与其自然地理条件和防洪安全保障需求相适应的依法治水、计划治水与科学治水模式，建立了一整套防洪工程体系和非工程措施体系。

（2）国土交通省是实施涉水灾害（台风、洪水、泥石流、滑坡灾害）防治和应急处置的主要责任部门，制定了一整套洪水风险管理计划方案，在灾害发生时应地方请求派遣 TEC-FORCE，为地方抢险救灾提供技术支援。

（3）日本的洪水风险图是一系列承载洪水及其风险信息的专业地图的总称，编制范围已基本覆盖日本全国受洪水威胁的市町村。日本洪水风险图编制和公布的目的主要包括两个方面：从居民的角度来看，其目的是使居民事先了解居住区的洪水风险，提高居民的水患意识，以便在出现洪水警报或洪水灾害时指导居民安全避险；从行政管理的角度来看，其目的是为制定流域防洪规划和洪水应急预案、在洪水发生时进行实时洪水调度以及指导防汛避险提供科学可靠的决策依据。

（4）日本的河流分两类，洪水预报河流和水位周知河流。国土交通省、气象厅以及都道府县政府负责将所有河流的降雨和预报预警信息向公众发布，市町村一级政府负责发布转移指令，民众收到信息后自主避险。

---

❶　参见 http://zensuikan.jp/。

第3章

洪水风险图编制技术

日本的洪水风险图是一系列承载洪水及其风险信息的专业地图的总称，其目的是将风险告知民众，为迅速组织避险行动、减轻洪灾损失服务；具体包括洪水预报河流和水位周知河流的"浸水想定区域图"，即江河浸水想定区域图和中小河流浸水想定区域图，其后又在此基础上制作市町村的"洪水危险图"。本章将详细介绍江河浸水想定区域图、中小河流浸水想定区域图、小型河流简易浸水想定图、市町村洪水危险图编制技术。

3.1 江河浸水想定区域图编制技术

为了指导编制浸水想定区域图，国土交通省出台了《洪水浸水想定区域图编制手册》(《洪水浸水想定区域图作成マニュアル》)，2017年已修订至第4版。相比前两版，2015年第3版手册增加了将超过设计标准的降雨作为输入条件、房屋倒塌危险区绘制、排水设施运转条件等技术细则，2017年第4版手册修改了浸水深度的阈值和配色等方面的内容❶。

3.1.1 编制要点

制作江河浸水想定区域图时，应注意以下事项。

---

❶ 洪水浸水想定区域图作成マニュアル(第4版)[EB/OL]. https://www.mlit.go.jp/river/bousai/main/saigai/tisiki/syozaiti/pdf/manual_kouzuishinsui_171006.pdf。

1. 编制目的

正如前述，洪水浸水想定区域图的编制对象为洪水预报河流及水位周知河流，其目的是确保发生洪水时民众可以顺利且迅速地避险，或通过防止浸水来减轻水灾损失。

2. 听取市町村意见

根据《水防法》第十四条的规定，洪水浸水想定区域图编制后，由国土交通大臣或都道府县知事公布洪水浸水想定区域，并通知相关市町村长使用。

位于洪水浸水想定区域的相关市町村，在市町村地区防灾计划（预案）中，必须要针对每个洪水浸水想定区域规定如下事项：

（1）洪水预报预警信息的传达方式。

（2）发生洪水时迅速避险的措施。

（3）在洪水浸水想定区域内，需要政府提供支援的场所设施名录（如地下商场，老年人、残障人士、婴幼儿聚集、需要给予援助的场所，重要工厂等）。

在进行洪水分析、设定浸水想定区域过程中，需要听取熟知当地情况的市町村相关人士的意见。此外，根据《灾害对策基本法》第61条，市町村长在发布避险命令时，可以向浸水区域图的编制单位（国土交通省或地方水利部门）寻求建议，专家和技术人员应提供洪水淹没范围、房屋倒塌范围、超标准降雨条件下淹没范围的技术意见。

3. 为洪水危险图编制提供支撑

洪水危险图旨在让居民平时查看并认识到水灾的风险，思考如何避险，在紧急的情况下能采取恰当的避险行动。如果该区域包含洪水浸水想定区域的市町村，进一步编制洪水危险图。因此，浸水想定区域图成为了洪水危险图的基础，因而必要提供浸水区域及浸水深度、房屋倒塌等泛滥想定区域、洪水到达时间和浸水持续时间等相关的信息。

4. 浸水想定区域图的更新

如有下列情况，应及时更新浸水想定区域图。

（1）随着防洪工程的建设，预计洪水浸水想定区域发生大幅变化的情况。

（2）设计降雨发生变化，预计洪水浸水想定区域发生大幅变化的情况。

（3）由于土地使用的大规模变化、大型建筑物的建设、堤防的建设、地形的大规模改变等，预计洪水浸水想定假设区域发生大幅变化的情况。

（4）技术进步使得地形测量和洪水分析精度提高，研判需要修改洪水浸水想定区域的情况。

（5）除上述内容外，认为有必要通过更新浸水想定区域图，以提高避险效率的情况。

5. 浸水想定区域图的电子化

为了更加有效地使用浸水想定相关的信息，应将浸水想定区域图电子化，并提交至相关机构。

3.1.2　编制流程

编制浸水想定区域图的流程如图 3.1 所示。

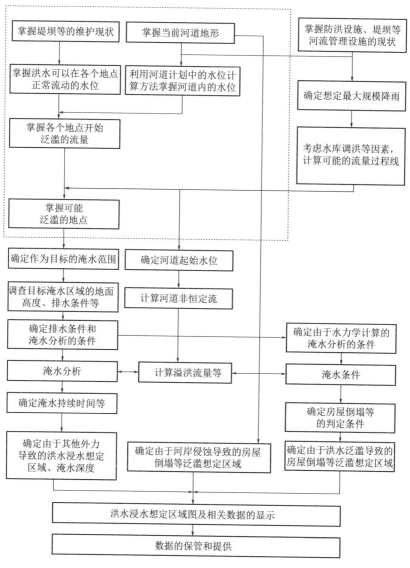

图3.1　浸水想定区域图编制流程

3.1.3　技术要点

3.1.3.1　泛滥流量和决口地点的确定方法

对于每个河道断面，确定可能发生洪水的水位（泛滥起始水位），计算该水位对应的流量（泛滥起始流量），也就是过流能力。当每个断面的流量超过泛滥起始流量时，可能会造成决口，发生洪水泛滥灾害。

1. 确定泛滥起始水位

原则上，泛滥起始水位就是设计洪水位，但如果无法确定河流设计洪水位，建议依照以下方法确定泛滥起始水位。

一般情况下，有堤河段的泛滥起始水位是当前堤坝高度减去设计超高。但如果堤防有缺口或不达标，则应综合考虑该位置的堤防是否有渗透，是否有侵蚀，以及该位置周边河道的维护情况，确定泛滥起始水位。无堤河段的泛滥起始水位应为河岸高程。此外，应根据堤防除险加固的进展，适当地修订各个河道断面的泛滥起始水位。

2. 确定泛滥起始流量

采用水力学方法，计算当前河段中每个流量 Q 对应的各断面水位 H，建立水位–流量关系。对于大河道，一般采用二维非均匀流方法。计算水面线时应考虑河道内树林、沙滩、阻水桥梁、主流顶托等因素的影响。

用确定的该断面的 H–Q 关系计算泛滥起始水位对应的流量，即为泛滥起始流量。

3. 确定决口地点

确定决口地点时，以下几个地点需要考虑在内。

（1）泛滥起始流量较小的地点。

（2）泛滥起始水位与堤外地面高差较大的地点。

（3）主支流汇合点附近。

此外，必须结合当地实际情况、上下游的流量等，综合考虑确定想定决口地点是否可能决口。

3.1.3.2　淹没分析方法

1. 想定最大规模降雨过程

《洪水浸水想定区域图编制手册》要求，浸水分析时应使用想定最大规模的降雨量和降雨过程。选择河流规划设计时使用的多个降雨过程和最近的主要洪水的雨量过程等，对每种降雨过程进行水文计算，将从想定决口地点泛滥时造成损失最大的降雨过程视为想定最大规模降雨过程。此外，对于泛滥时造成的最大损失，应从想定洪峰最大的降雨过程或想定洪量最大的降雨过程中，按照每条河流的流域特征，通过恰当的方法进行选择。

制作想定最大规模降雨引起的洪水淹没图时，其入海口处的水位应选择设计潮位，与洪峰"碰头"。对于尚未设计潮位的河流，应考虑河口附近海域的水力条件、气象条件、洪水泛滥条件等综合设定。

除了制作想定最大规模降雨引起的洪水淹没图，还需要制作以下条件的相关图件：

（1）中频率（约 100 年一遇）的降雨规模（年超越概率 :1/200 ~ 1/80）。

（2）中高频率（约 50 年一遇）的降雨规模（年超越概率 :1/80 ~ 1/30）。

（3）高频率（约 10 年一遇）的降雨规模（年超越概率 :1/30 ~ 1/5）。

2. 考虑建筑物阻水的概化网格淹没计算方法

在以往的浸水分析中，由于地面高度数据和计算所需时间的限制，基本上使用 250m 的网格进行。但是，洪水的扩散不仅受到地形的影响，还受到道路和建筑物布局的影响。近年来，通过激光雷达测量的流域数字高程模型（DEM）数据精度有了很大提升，因此浸水分析时考虑微地形和建筑物的影响成为可能。同时，还可以将淹没水位的计算结果（地面高度 + 浸水深度）减去 DEM 数据的地面高度，得到精确的浸水深分布。但是，这种方法需要将建筑物的形状纳入边界条件，形成适应建筑物排列和形状的非结构化网格，并确立与之相对应的浸水分析方法。

《洪水浸水想定区域图编制手册》推荐了考虑建筑物影响的概化网格分析方法，见式（3.1）~ 式（3.3）。概化网格设为 25m。

$$\gamma\frac{\partial Q_x}{\partial_t}+\frac{\partial}{\partial x}\left(\gamma\frac{Q_x^2}{h}\right)+\frac{\partial}{\partial y}\left(\gamma\frac{Q_xQ_y}{h}\right)+g\gamma h\frac{\partial\left(h+z_b\right)}{\partial x}$$
$$+g\gamma n^2\frac{Q_x\sqrt{Q_x^2+Q_y^2}}{h^{7/3}}+\frac{1}{2}C_D{'}\left(1-\gamma\right)\frac{Q_x\sqrt{Q_x^2+Q_y^2}}{h}=0 \qquad (3.1)$$

$$\gamma\frac{\partial Q_y}{\partial_t}+\frac{\partial}{\partial x}\left(\gamma\frac{Q_xQ_y}{h}\right)+\frac{\partial}{\partial y}\left(\gamma\frac{Q_y^2}{h}\right)+g\gamma h\frac{\partial\left(h+z_b\right)}{\partial y}$$
$$+g\gamma n^2\frac{Q_y\sqrt{Q_x^2+Q_y^2}}{h^{7/3}}+\frac{1}{2}C_D{'}\left(1-\gamma\right)\frac{Q_y\sqrt{Q_x^2+Q_y^2}}{h}=0 \qquad (3.2)$$

$$\frac{\partial h}{\partial t}+\frac{\partial\left(\gamma Q_x\right)}{\partial x}+\frac{\partial\left(\gamma Q_y\right)}{\partial y}=q \qquad (3.3)$$

式（3.1）~ 式（3.3）中：Q_x、Q_y 为 x、y 方向的单位宽度流量；h 为水深；z_b 为地面高度；γ 为孔隙率（孔隙的密度分布）；q 为降雨量或地下渗透量等；n 为反映土地利用的糙率；$C_D{'}$（$=C_D / L$）为阻力系数 / 建筑物的代表长度，根据《洪水模拟手册》❶，当建筑物的代表长度为 10m 时，$C_\mathrm{D}^{'}$ 为 0.383。

式（3.4）～式（3.6）是采用差分方法的求解方程。

$$\gamma_{vi+1/2,j}\frac{Q_{xi+1/2,j}^{t+\Delta t}-Q_{xi+1/2,j}^{t}}{\Delta t}+\frac{1}{\Delta x}\left[\left(\gamma_x\frac{Q_x^2}{h}\right)_{i+1,j}-\left(\gamma_x\frac{Q_x^2}{h}\right)_{i,j}\right]$$

$$+\frac{1}{\Delta y}\left[\left(\gamma_x\frac{Q_xQ_y}{h}\right)_{i+1/2,j+1/2}-\left(\gamma_y\frac{Q_xQ_y}{h}\right)_{i+1/2,j-1/2}\right]^{t+\Delta t}$$

$$+g\gamma_{vi+1/2,j}h_{vi+1/2,j}^{t+\theta\Delta t}\frac{\left[(h+z_\mathrm{b})_{i+1,j}-(h+z_\mathrm{b})_{i,j}\right]^{t+\theta\Delta t}}{\Delta x}$$

$$+\left(g\gamma_v n_\mathrm{b}^2\frac{Q_x\sqrt{Q_x^2+Q_y^2}}{h^{7/3}}+\frac{1}{2}(1-\gamma_v)C_\mathrm{D}'\frac{Q_x\sqrt{Q_x^2+Q_y^2}}{h}\right)_{i+1/2,j}^{t+\theta\Delta t}=0 \qquad （3.4）$$

$$\gamma_{vi+1/2,j}\frac{Q_{yi+1/2,j}^{t+\Delta t}-Q_{yi,j+1/2}^{t}}{\Delta t}+\frac{1}{\Delta x}\left[\left(\gamma_x\frac{Q_xQ_y}{h}\right)_{i+1/2,j+1/2}-\left(\gamma_x\frac{Q_xQ_y}{h}\right)_{i-1/2,j+1/2}\right]^{t+\theta\Delta t}$$

$$+\frac{1}{\Delta y}\left[\left(\gamma_y\frac{Q_y^2}{h}\right)_{i,j+1}-\left(\gamma_y\frac{Q_y^2}{h}\right)_{i,j}\right]^{t+\theta\Delta t}$$

$$+g\gamma_{vi,j+1/2}h_{i,j+1/2}^{t+\theta\Delta t}\frac{\left[(h+z_\mathrm{b})_{i,j+1}-(h+z_\mathrm{b})_{i,j}\right]^{t+\theta\Delta t}}{\Delta y}$$

$$+\left[g\gamma_v n_\mathrm{b}^2\frac{Q_x\sqrt{Q_x^2+Q_y^2}}{h^{7/3}}+\frac{1}{2}(1-\gamma_v)C_\mathrm{D}'\frac{Q_x\sqrt{Q_x^2+Q_y^2}}{h}\right]_{i,j+1/2}^{t+\theta\Delta t}=0 \qquad （3.5）$$

$$\frac{h_{i,j}^{t+\Delta t}-h_{i,j}^{t}}{\Delta t}+\frac{\left[(r_xQ_x)_{i+1/2,j}-(r_xQ_x)_{i-1/2,j}\right]^{t+\theta\Delta t}}{\Delta x}$$

$$+\frac{\left[(r_yQ_y)_{i,j+1/2}-(r_xQ_x)_{i,j-1/2}\right]^{t+\theta\Delta t}}{\Delta y}=q_{i,j}^{t+\theta\Delta t} \qquad （3.6）$$

式（3.4）～式（3.6）中：下标 i、j 分别为 x 方向第 i 个网格、y 方向第 j 个网格；t 为时间；γ_v 为网格的平均孔隙率；γ_x、γ_y 分别为 x、y 方向上的透水率（网格边界中的平均孔隙率）。

---

❶ 栗城稔，末次忠司，海野仁，田中義人，小林裕明．氾濫シミュレーション・マニュアル（案）―シミュレーションの手引き及び新モデルの検証―，土研資料第 3400 号，1996。

此外，如果 θ 为 0、1、0.5，则分别变为显式法、隐式法、Crank–Nicholson 法。

式（3.1）和式（3.2）所示的糙率应考虑目标浸水区的土地利用情况、历史洪水情况等进行综合判断。参考以往的试验结果，糙率的建议范围见表 3.1。对于住宅区，应考虑建筑物引起的阻力和底部摩擦力，根据建筑物周围的土地利用情况等来设置空地、绿地、道路等的糙率值。

表3.1 　　　　　　　　　　糙 率 的 建 议 范 围

土地利用	糙率/（s/m$^{1/3}$）	土地利用	糙率/（s/m$^{1/3}$）
农田	0.02 ~ 0.060	空地、绿地	0.025 ~ 0.05
林地	0.03 ~ 0.060	道路	0.015 ~ 0.047
水域	0.025		

孔隙率定义为网格内的建筑物占有率，见式（3.7）和如图 3.2 所示。

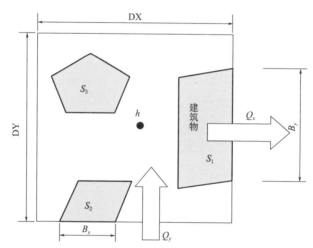

图3.2　网格内的建筑物、孔隙率和透水率的设定

B_x、B_y—网格边界上的建筑宽度

$$\gamma_v = 1 - \left(S_1 + S_2 + S_3\right)/(\mathrm{DX} \cdot \mathrm{DY}) \qquad (3.7)$$

式中：DX、DY 分别为 x 轴、y 轴方向的网格边界宽度；S_1、S_2 和 S_3 为网格内的建筑用地面积。

此外，当孔隙率接近 0 时，计算会变得不稳定，因此需要设定孔隙率的 5% ~ 10% 的下限值以确保计算稳定。

对于透水率，如果网格边界四面浸水，则通过式（3.8）设定。但如果建筑物集中于边界上或道路穿过网格时，则以式（3.9）或式（3.10）为准（图 3.2）。

$$\gamma_x = \gamma_y = \gamma_v \qquad\qquad (3.8)$$

$$\gamma_x = 1 - B_y / \mathrm{DY}, \qquad \gamma_y = 1 - B_x / \mathrm{DX} \qquad\qquad (3.9)$$

$$\gamma_x = \gamma_y = 1 - \sqrt{1 - \gamma_v} \qquad\qquad (3.10)$$

3. 泛滥流量计算

计算决口或溢水、溢洪引起的泛滥流量时，以正向溢流公式为基础，通过修正系数 α 以及泛滥水流的方向角 θ 进行溢洪流量的修正，如图 3.3 所示。

堤防法线方向：
$$Q_N = \alpha Q_0 \cos\theta \qquad\qquad (3.11)$$

堤防轴向方向：
$$Q_S = \alpha Q_0 \sin\theta \qquad\qquad (3.12)$$

式中：Q_N、Q_S 为沿堤防法线和轴向方向的泛滥流量；Q_0 为正向溢流量。

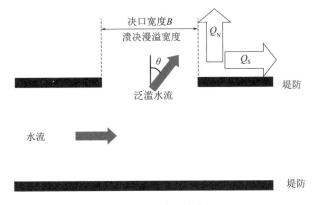

图3.3　泛滥流量的分解

溢流参数与泛滥类型（溃口、漫溢）和河床比降 I 有关，见表 3.2。

表3.2　　　　　　　　　　溢 流 参 数 的 确 定

泛滥类型	计 算 公 式
决口	$I > 1/1580$, $\alpha = 0.14 + 0.19\lg(1/I)$, $\theta = 48 - 15\lg(1/I)\,(°)$; $1/1580 \geqslant I \geqslant 1/33600$, $\alpha = 0.14 + 0.19\lg(1/I)$, $\theta = 0°$; $1/33600 \geqslant I$, $\alpha = 1$, $\theta = 0°$
漫溢	$I > 1/12000$, $\alpha = 1$, $\theta = 155 - 38\lg(1/I)\,(°)$; $1/12000 \geqslant I$, $\alpha = 1$, $\theta = 0°$

正向溢流量 Q_0 的计算公式如下：

自由溢流，当 $h_2/h_1 < 2/3$ 时：

$$Q_0 = 0.35Bh_1\sqrt{2gh_1}\qquad\qquad(3.13)$$

淹没溢流，当 $h_2/h_1 \geq 2/3$ 时：

$$Q_0 = 0.91Bh_2\sqrt{2g(h_1 - h_2)}\qquad(3.14)$$

式中：h_1、h_2 为从泛滥处的河床高度测量的水深，较高者为 h_1，较低者为 h_2（图 3.4）；B 为洪水泛滥的宽度口宽度。

如果网格宽度变得小于洪水泛滥宽度，则需要根据洪水泛滥宽度，溃口的平均河床高度、平均水位等计算泛滥流的总量，以将该总洪水流量分配给位于泛滥处的各个网格，如图 3.5 所示。

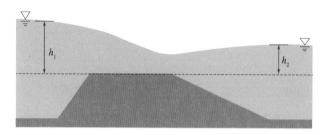

图3.4　堤坝截面与 h_1、h_2 的关系

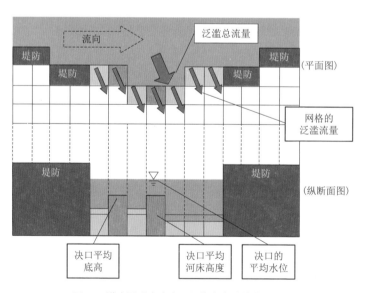

图3.5　洪水泛滥宽度大于网格宽度时的流量分解

决口宽度一般以实际值为准。但是，如果没有实际值，则按照下列公式根据河流宽度 x，（m）计算决口宽度 y（m）。

（1）决口位于主流支流汇合点附近的情况：

$$y = 2.2(\lg x)^{3.8} + 77 \tag{3.15}$$

（2）决口远离主流支流汇合点的情况：

$$y = 1.6(\lg x)^{3.8} + 62 \tag{3.16}$$

为了恰当地表现洪水泛滥的现象，如果堤防宽度相对于网格宽度较小，当淹没水位不超过堤防高度时，则计算中将堤防视为不透水边界；当超过时，则将堤防视为溢流边界条件。相反，如果堤防的宽度大于网格宽度，可以将它们作为地形条件来进行淹没计算（图 3.6）。此外，如果堤防存在箱涵等，则可以视为孔流，通过箱涵的高度 H，宽度 B，前后的水位 h_1、h_2 来计算流量 Q。

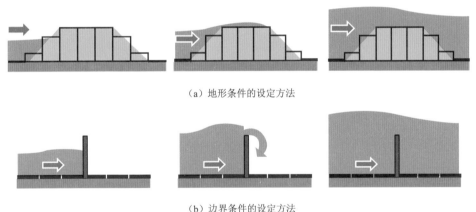

（a）地形条件的设定方法

（b）边界条件的设定方法

图3.6   堤防的模拟方法

4. 确定浸水区域内的排水条件和计算时间

为了计算浸水持续时间，除了河流水位和潮位的时间变化外，还需要恰当地设置浸水区域内的排水条件。

将浸水区域内的大型河流设置为"排水河流"，表示由于泛滥洪水和泵排水等流入该河流，导致堤内区域的排水按时间序列发展。对于排水河流以外的农用排水沟、道路侧沟等小水渠，可以设置排水流量，用"小水渠流量 / 各流域内的浸水网格数"求出各网格的排水量，通过减少堤内区域的泛滥流量等方法来表现排水现象（图 3.7）。

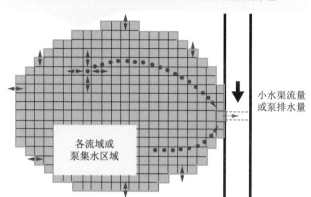

用"小水渠流量/各流域内的浸水网格数"或是
"泵排水量/集水区域内的浸水网格数"来设定网格的排水量

小水渠流量
或泵排水量

各流域或
泵集水区域

图3.7   小水渠和泵排水的建模示例

关于排水设施的操作，可根据排水设施运转条件的调查结果，假设水闸（泄水管道）功能运行正常。对于水闸等，当堤内水位高于外部水位时，应从水闸中排水；而外部水位高时，应关闭闸门。对于水闸及排水管道的排水量，可以根据外部水位和堤内水位、水闸宽度等设施规格，使用溢流、孔流公式等进行计算。

对于排水站，在每个排水站设置集水区，从浸水网格中均匀减去用"泵排水量/集水区域内的浸水网格数"计算的流量进行排水。当考虑排水泵等的运转时，对于浸水时的运转条件，也需要注意燃料补给和确保道路等的排水功能的持续性。另外，如果制作洪水浸水想定区域图时，浸水时排水设施的功能不可靠，则在进行研究前应整顿运转条件和操作人员的通道等。必要时应考虑应急处置措施，如使用内涝排放的排水站和排水泵车等。

根据设施规格和河流水位、堤内水位等适当地给出小水渠的流量和泵排水量。此外，当河道的水位下降，堤坝内侧的水位高于河道水位时，在决口处水从堤坝内侧回流到河道。

由于在浸水分析中，除了要计算各个地点的最大浸水深度外，还要计算浸水持续时间和排水完成时间，因此需要进行计算，直到计算领域整体的浸水深度低于一定的浸水深度。

以浸水深度0.5m（难以到室外避险并且可能孤立无援的深度）为指标，计算超过该浸水深度的时间。同时，为了使市町村和受淹企业明确受淹时间，还应以0.3m（用挡水板等可以防止浸水的水深）、0.05m（可以开始进行清扫工作的水深）、0.01m（基本消除浸水）为指标，计算浸水持续时间。

如果计算时间过长，可以在上述排水完成标准的任意一个浸水深度下结束计算。此外，得到各个地点的最大浸水深度后，可以适当终止浸水分析，通过事先确认在（排水过程中），具有与浸水分析相同准确性的水池模型的方法来计算浸水持续时间。

5. 房屋倒塌区域的分析方法

房屋倒塌区域是表示洪水可能泛滥导致房屋被冲走和倒塌的范围，有助于判断发生洪水时在室内垂直避险适当与否。设定该区域时，应评估泛滥引起的水压力的作用以及河岸侵蚀导致房屋倒塌危险性，并分别进行设定和显示。

一般情况下，由洪水泛滥导致的倒塌现象只在完建的高堤河段出现，而河岸侵蚀导致的倒塌等现象只在下切河道或狭窄河段出现，但当同一河段中存在这两种可能性时，应分别予以指出。

（1）由洪水泛滥导致的房屋倒塌区域。在无堤或堤防高度较小的地点，由于水头差小，堤防决口而流入的河流水流速较小，不会产生很大的水压力。因此，原则上只有在设计洪水位到堤后地面的高差大于2m的情况下，才考虑划定由洪水泛滥导致的房屋倒塌范围。计算时，网格大小也可按照25m设定。

倾倒、滑动被认为是泛滥导致房屋倒塌等的主要原因。以木结构二层房屋倒塌为例，计算结果如图3.8所示，水深和流速的组合如果在图3.8中蓝色虚线和红色虚线所围的右上部分，则视为房屋会发生倾倒或滑动。

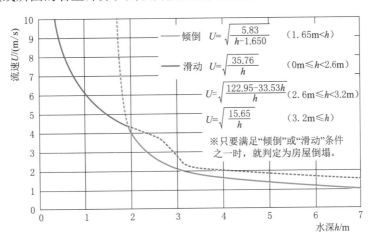

图3.8　二层木结构房屋倾倒和滑动临界线

（2）由河岸侵蚀导致的房屋倒塌区域。当发生河岸侵蚀时，支撑房屋的基础将被冲刷，位于侵蚀范围内的房屋无法依靠房屋主体结构，会塌陷或被冲走。在此，计算洪水时可能发生河岸侵蚀的宽度，将有塌陷危险的房屋范围设定为河岸侵蚀导致的房屋倒塌想定区域。

国土交通省收集了约1250个河岸侵蚀的案例，整理侵蚀宽度和河床坡度关系，结果如图 3.9 所示，图 3.9 中所示的包络线（黄色线）可用于确定由河岸侵蚀导致的房屋倒塌区域。可根据河床坡度 i_b、河流宽度 B、水深 h、河岸高度 h_b，由式（3.17）~式（3.19）确定河岸侵蚀宽度 B_e。

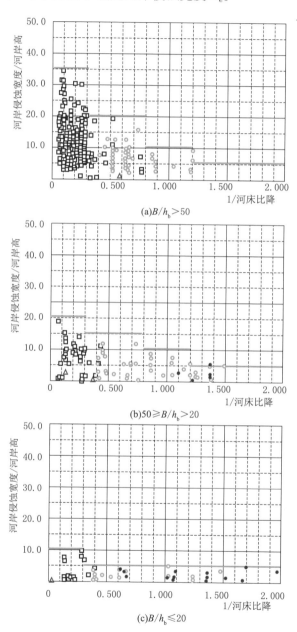

图3.9　河床比降、河岸高、河岸侵蚀宽度的关系

当 $B/h_\mathrm{b} > 50$ 时：

$$B_\mathrm{e} = \begin{cases} 35h_\mathrm{b}\,(i_\mathrm{b} \geqslant 1/300) \\ 20h_\mathrm{b}\,(1/300 > i_\mathrm{b} \geqslant 1/800) \\ 10h_\mathrm{b}\,(1/800 > i_\mathrm{b} \geqslant 1/1200) \\ 5h_\mathrm{b}\,(1/1200 > i_\mathrm{b}) \end{cases} \tag{3.17}$$

当 $50 \geqslant B/h_\mathrm{b} > 20$ 时：

$$B_\mathrm{e} = \begin{cases} 20h_\mathrm{b}\,(i_\mathrm{b} \geqslant 1/300) \\ 15h_\mathrm{b}\,(1/300 > i_\mathrm{b} \geqslant 1/800) \\ 10h_\mathrm{b}\,(1/800 > i_\mathrm{b} \geqslant 1/1200) \\ 5h_\mathrm{b}\,(1/1200 > i_\mathrm{b}) \end{cases} \tag{3.18}$$

当 $20 \geqslant B/h_\mathrm{b}$ 时：

$$B_\mathrm{e} = \begin{cases} 10h_\mathrm{b}\,(i_\mathrm{b} \geqslant 1/300) \\ 5h_\mathrm{b}\,(1/300 > i_\mathrm{b}) \end{cases} \tag{3.19}$$

图 3.10 显示了三种典型的河道断面河流宽度等参数设定方法。

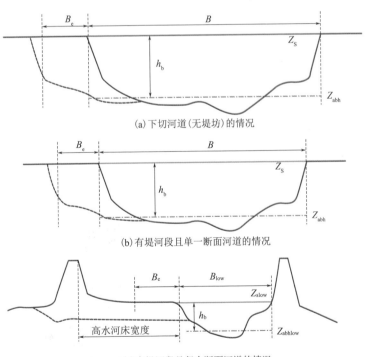

(a)下切河道(无堤坊)的情况

(b)有堤河段且单一断面河道的情况

(c)有堤河段且复合断面河道的情况

图3.10　三种典型的河道断面河流宽度等参数设定方法

1）下切河道（无堤防）的情况［图 3.10（a）］。下切河道中，河道充满水时的水面宽度为河流宽度 B，同宽度的平均河床高度为 Z_{abh}，则河岸高度 h_b 与水深相同（$= Z_s - Z_{abh}$，Z_s 为水位）。

2）有堤河段且单一断面河道的情况［图 3.10（b）］。有堤河段且单一断面河道中，河道充满水时的水面宽度为河流宽度 B，同宽度的平均河床高度为 Z_{abh}，则河岸高度 h_b 为堤内堤脚高度 Z_{teinai} 和平均河床高度的高差。

3）有堤河段且复合断面河道的情况［图 3.10（c）］。有堤河段且复合断面河道中，将充满水时低水渠水面宽度 B_{low} 作为河流宽度 B，将此时的河床高度 Z_{abhlow} 为平均河床高度 Z_{abh}，低水渠被充满水时的水位 Z_{slow} 为水位 Z_s，河岸高度 $h_b = Z_s - Z_{abh}$。

3.1.4 图件标绘

根据《水防法》第十四条，国土交通大臣或都道府县知事指定或更改洪水淹没想定区域时，要公布指定区域及浸水时假设的水深，同时必须通知相关市町村长。此外，应在洪水浸水想定区域图上标绘房屋倒塌等的想定区域及浸水持续时间，以便判断发生洪水时的室内垂直避险是否恰当等。

另外，根据《水防法施行细则》第三条，公布洪水浸水想定区域及浸水时假设的水深时，要将确定该区域及该水深的事宜刊登在政府公报或都道府县的公报上，此外，必须在洪水浸水想定区域图上明确指出降雨输入条件。

1.浸水深度的显示

对于浸水深度的阈值和配色，充分考虑各类人群（成年人、儿童、游客、学生等）识别水灾风险的需要。浸水深度等的阈值是将淹没普通房屋二楼视为 5.0 m，淹没二楼地板相当于 3.0 m，淹没一楼地板相当于 0.5 m。除此之外，为了显示超过上述高度的浸水深度，必要时用 10 m、20 m 作为标准。参考 ISO 等标准、考虑到色盲人员以及与其他防灾信息的危险性显示的一致性，将以下配色作为标准，如图 3.11 所示。

浸水深度	标准
≥20m	220, 122, 220
10~20m	242, 133, 201
5~10m	255, 145, 145
3~5m	255, 183, 183
0.5~3m	255, 216, 192
≤0.5m	247, 245, 169

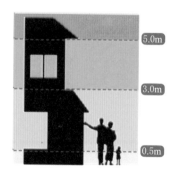

图3.11 浸水深度的配色标准

当需要显示详细的区分时,根据需要可以使用以下的详细版,如图3.12所示。

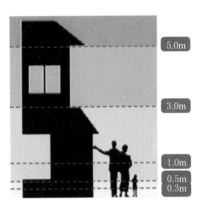

浸水深度	详细版
≥20m	220, 122, 220
10~20m	242, 133, 201
5~10m	255, 145, 145
3~5m	255, 183, 183
1~3m	255, 216, 192
0.5~1m	248, 225, 166
0.3~0.5m	247, 245, 169
≤0.3m	255, 255, 179

图3.12　浸水深度的配色标准（详细版）

2. 房屋倒塌等泛滥想定区域的显示

对于房屋倒塌的想定区域,由洪水泛滥导致的用○表示,由河岸侵蚀导致的用半透明的粉色框表示（图3.13）。另外,如果泛滥房屋倒塌区域过小,难以用○表示,则可以与河岸侵蚀一样,用半透明的颜色替代。

（a）由洪水泛滥导致　　　（b）由河岸侵蚀导致

图3.13　房屋倒塌泛滥想定范围的显示

（1）由洪水泛滥导致的房屋倒塌范围。对于由洪水泛滥导致的房屋倒塌范围,可使用外包线表示(参考图3.14的黑线)。在设定包络线时,可以适当地使用道路、学校区域等的边界。另外,如果有孤立的倒塌范围,则要根据地形特征等评估这种情况的可能性。

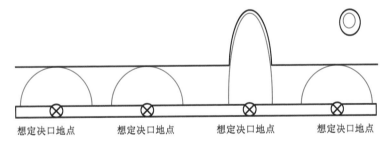

想定决口地点　　　想定决口地点　　　想定决口地点　　　想定决口地点

图3.14　由洪水泛滥导致的房屋倒塌范围

（2）由河岸侵蚀导致的房屋倒塌范围。对于由河岸坡侵蚀导致的房屋倒塌范围，按照每个堤段的河岸侵蚀宽度连线，形成封闭区域，用半透明的粉色填充（建筑物和道路应能辨认），如图 3.15 所示。

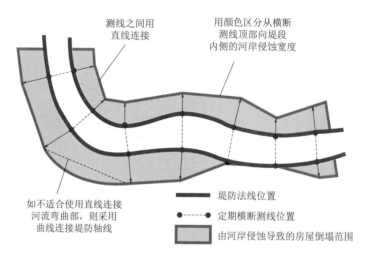

图3.15　由河岸侵蚀导致的房屋倒塌范围

3. 浸水持续时间的显示

浸水持续时间的显示应以表 3.3 所列分类为标准。

表3.3　　　　　　　　浸水持续时间的显示等级分类示例

等　　级	（参考）配色示例（RGB值）	
≤12h		160，210，255
12～24h（1d）		0，65，255
24～72h（3d）		250，245，0
72～168h（1周）		255，153，0
168～336h（2周）		255，40，0
336～672h（4周）		180，0，104
≥672h		96，0，96

4. 重要地下场所的标绘

根据《水防法》施行规章第一条第 6 项的规定，绘制浸水想定区域图时，要突出标绘可能受淹的地铁站或主要的地下商场等。标绘时，要考虑地下商场等使用者避险所需的时间、地下空间的结构、洪水的平均扩散速度等，应标明其名称及所在地的风险。

5. 比例尺

洪水浸水想定区域图的背景地图应采用可以辨认浸水情况的比例尺（比例尺一般为 1/10000 或 1/5000）。

6. 其他需要说明的事项

发布洪水浸水想定区域图时，除了洪水浸水想定区域及浸水时想定的水深等图示外，还必须说明输入降雨的频率。此外，还必须说明，"未指定为洪水浸水想定区域的区域，也有可能浸水"等。洪水浸水想定区域图说明事项示例如图 3.16 所示。

1. 说明

（1）该图是针对 ×× 河水系 ×× 河的洪水预报 / 水位周知河段，根据《水防法》规定的想定的最大规模降雨 / 设计降雨，显示洪水淹没想定区域、浸水时想定的水深 / 想定浸水的区域、浸水时想定的水深 / 浸水持续时间的图纸。

（2）该洪水浸水想定区域是考虑了指定 / 公布时刻 ×× 河的河道及防洪设施的维护情况，通过模拟计算得到想定的最大规模降雨 / 年超过概率 1 / ×××[1 年期间发生超过该规模洪水的概率为 1 / ×××（××%）] 的降雨产生的洪水使 ×× 河泛滥时的浸水情况。

（3）进行该模拟计算时，没有考虑支流（由于决口）的泛滥、规模超过进行模拟降雨引起的泛滥、风暴潮及内涝引起的泛滥等，因此在未指定为该洪水淹没想定的区域，也可能发生浸水，想定的水深 / 浸水持续时间可能与实际的浸水深度 / 浸水持续时间不同。

2. 有关事项

（1）制作主体　　　　　　　　　国土交通省 ×× 地方发展局 ×× 河流事务所

（2）指定 / 公布年月日　　　　　×× 年 ×× 月 ×× 日

（3）告示编号　　　　　　　　　国土交通省 ×× 地方发展局告示第 ×× 号

（4）指定的法律依据　　　　　　《水防法》第十四条第 1 项 / 第 2 项

（5）目标洪水预报 / 水位周知河流　　×× 河水系 ×× 河

（实施河段）

左岸：从 ×× 县 ×× 市 ×× 町 ×× 号的 ×× 附近到海岸

右岸：从 ×× 县 ×× 市 ×× 町 ×× 号的 ×× 附近到海岸

（6）作为指定 / 计算前提的降雨　　×× 河流域 ×× 天的总雨量 ×× mm

（7）相关市町村　　　　　　　　×× 市 ×× 町

（8）其他计算条件等（必要时，描述计算网格大小、地面高度网格大小等）

图3.16　洪水浸水想定区域图的说明事项示例

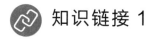

知识链接 1

想定最大规模降雨[1]

根据日本的气象观测资料，近年来，大的过程性降雨和短时强降雨的发生频率增加。随着全球变暖带来的气候变化，预测大雨造成的降水量及短时强降雨的发生频率也会相应增加，因此可以预计，日本的水灾严重化趋势是确定的。

为了应对极端降雨带来的水灾，国土交通省于 2015 年 1 月制定了今后的防灾减灾方针，与应对海啸地震一样，对于洪水灾害，也应设想最不利情景，建立"最大限度保护生命，对社会经济不能造成毁灭性的打击"的目标，把重点放在软件（非工程）上，增加忧患意识，整个社会形成合力，应对超标准降雨和洪水灾害。

为此，日本在 2015 年 5 月修改了《水防法》。法律要求，在因降雨引发的洪水浸水想定区域，应将想定最大规模降雨作为河流洪水浸水想定区域图的外力输入条件。国土交通省发布了《浸水想定区域图最大外力设定方法》[《浸水想定（洪水、内水）の作成等のための想定最大外力の設定手法》]，对最大降雨量和降雨过程的设定方法作了明确规定。

1. 想定最大降雨量

《浸水想定区域图最大外力设定方法》将日本分为降雨特性相似的 15 个地域（北海道北部、北海道南部、东北西部、东北东部、关东、北陆、中部、近畿、纪伊南部、山阴、濑户内、中国西部、四国南部、九州西北部、九州东南部），绘制了各地域不同时段、不同流域面积的最大降雨量曲线图，图 3.17 给出了两个地区的最大降雨量曲线图。用户在最大降雨量曲线图的基础上，选择降雨时长，按照流域面积插值即可得本地点的想定最大降雨量。

但是，根据全国性平衡的原则，将通过上述曲线获得的想定最大降雨量（A）与超过年概率 1/1000 左右的降雨量（B）相比较，如果 A 显著小于 B，也可考虑将年超过概率 1/1000 左右的降雨量作为想定最大降雨量。

---

[1]　想定最大外力（洪水、内水）の設定に係る技術検討会 [EB/OL]. http://www.mlit.go.jp/river/ shinngikai_blog/saidai_gaisui_naisui/index.html.

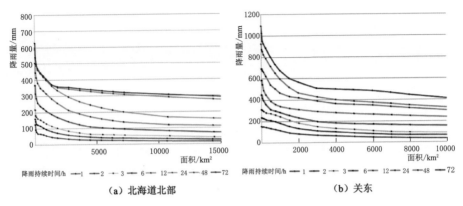

图3.17　最大降雨量曲线

2. 想定的最大规模降雨过程

在取得想定最大降雨量之后，将引发主要洪水的降雨过程线外延至与想定最大降雨量相等的情况，选取被认为是最不利情景的过程线为想定最大规模降雨过程。

所谓的最不利情景，是指发生洪水时受灾最严重的情况，考虑最大洪峰、最大洪量等因素。如山谷地区受淹时，洪峰大灾害损失重，而洪水在平原地区泛滥时，洪量大则受灾损失重。此外，关于降雨过程线的外延，注意控制指标是 1h 降雨量 220mm，或者 10min 降雨量 60mm。根据以上控制指标，对降雨过程线做合理外延（图 3.18）。

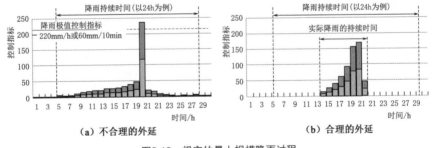

图3.18　想定的最大规模降雨过程

3.2　中小河流浸水想定区域图编制技术

日本在编制洪水浸水想定区域图时，编制对象是穿越平原地区的大河流（具有溃决漫溢危险），依据的技术标准为《洪水浸水想定区域图编制手册》。2004 年，《水防法》修订后，指定洪水可能淹没区域的对象不再只是现行规定的大河流，还扩大到了主要的中小河流。而且法律要求，编制洪水浸水想定区域图后，还必须通过洪水危险图等手段将洪水预报预警等信息的传达途径、避险地点等内容通告所有居民。由于原有手册对洪水运动按平面二维非恒定流进行模拟，所以存在洪水淹没分析很费时的问题。2005 年，日本针对中小河流制定了《中小河流浸水想定区域图制作指南》(《中小河川洪水浸水想定区域图作成の手引き》)。在制作中小河流浸水想定区域图时，按地形和洪水运动的特点将泛滥区域分为下泄型、滞留型和扩散型三种，并针对这三种类型分别采用制作流域横断面图进行非均匀流计算、水池模型和平面二维非恒定流分析的方法。该指南的公布，对中小河流浸水想定区域图的编制起到了非常重要的技术指导作用。

日本在 2015 年 5 月修改了《水防法》。法律要求，将想定最大规模的降雨作为河流洪水浸水想定区域图的外力输入条件。为此，2017 年，国土交通省发布了"中小河流浸水想定区域图制作指南"第二版，对原指南进行了修订，修订的主要内容如下：

（1）把输入的设计降雨改为想定最大规模降雨。

（2）在原指南仅要求计算淹没范围的基础上，增加浸水持续时间的计算要求。

（3）浸水区域图绘制时，考虑排水设施的排水效果。

（4）要求浸水区域图必须进行房屋倒塌范围的计算。堤坝高度超过 2m 时，需要采取二维水力学计算溃堤导致的流速和水深，分析由溃堤洪水引发的房屋倒塌范围。此外，还需要分析由河岸侵蚀导致的房屋倒塌范围。

3.2.1　资料需求

制作中小河流浸水想定区域图所需的资料可分为三类：基础地形数据（包括河道地形和泛滥平原地形数据）、设计降雨和洪水资料、河道过流能力数据。

1. 基础地形数据

河道地形图需包括河道当前的纵横断面图和平面图，但一些中小河流的测量数据未必完整。然而对洪水可能淹没区域进行详细研究时河道数据是必不可缺的，所以如果河道数据不充分，需通过普通测量或航空激光雷达测量（LP）对河道地形数据进行补充。针对泛滥平原，需收集地形图（比例尺 ≥ 1：25000），另外为了掌握地形和阻水建筑物的位置等关于泛滥平原的详细情况，还需收集城市规划图（比例尺 ≥ 1：25000）。

2. 设计降雨和洪水资料

新版《中小河流浸水想定区域图制作指南》要求，浸水分析时应使用想定最大规模的降雨量和降雨过程。选择河流规划设计时使用的多个降雨过程和最近的主要洪水的雨量过程等，对每种降雨过程进行水文计算，将从任何想定决口地点泛滥时造成的损失最大的降雨过程视为想定最大规模降雨过程。此外，作为泛滥时造成的最大损失，应从想定洪峰最大的降雨过程，或想定洪量最大的雨量过程中，按照每条河流的流域特征，通过恰当的方法进行选择。

确定降雨过程线后，再根据相关的径流计算模型计算设计洪峰流量和流量过程。

除了制作想定最大规模降雨引起的洪水淹没图，还需要制作以下条件的相关图件：

（1）中频率（约100年一遇）的降雨规模（年超越概率：1/200～1/80）。

（2）中高频率（约50年一遇）的降雨规模（年超越概率：1/80～1/30）。

（3）高频率（约10年一遇）的降雨规模（年超越概率：1/30～1/5）。

3. 河道过流能力数据

为了确定可能因溃堤等导致泛滥的位置，需以河道地形数据为依据对当前河道的过流能力进行分析计算。分析河道过流能力时，断面间距按相当于河宽左右的距离进行计算。但对于较窄的河道，由于缺乏横断面测量数据，一般用200m的断面间距对过流能力进行计算。同时，根据河道的情况，也可以根据需要对间距做适当的调整。另外，在坡度较大的河段，最好按坡度倒数的0.5倍来设置断面间距。确定河道过流能力的步骤如下：

（1）根据河道断面坐标数据建立水位－断面面积－水力半径－水面宽度（H–A–R–B）关系。

（2）设定水位计算的条件。各断面的糙率系数以河道的当前值为准，如果使用河道规划中设定的糙率系数比较合适，也可采用规划值。计算过流能力时需要建立 H–Q（水位－流量）方程式，并以各种流量为条件进行水位计算。此时的流量条件以可能最大降水量时的流量分配为准，流量分配设定为 α 倍（α=0.2，0.4…）。

（3）水位计算。通过河道规划所采用的计算方法或符合该河流特性的计算方法，按上述条件对水位进行计算。另外，在计算过流能力时最好采用非均匀流计算方法。

（4）过流能力（泛滥起始流量）计算。对每个河道断面设定可能发生泛滥的水位（泛滥起始水位），计算出对应于该水位的流量。泛滥起始水位设定为各断面的漫滩水位（漫滩水位是指可能因洪水引发的堤防溃决以及经由无堤处而导致河流区域外相当多的房屋被淹没所对应的河道水位，是按照每个断面进行设定的，原则上等于设计洪峰水位，但针对其他几种特殊情况可依据指南规定进行设定）。泛滥起始水位所对应的流量通过以水位计算结果为依据的 H–Q 方程式 [$Q=a(H+b)\times2$，a、b 为参数] 进行计算。

3.2.2　淹没分析

对中小河流进行洪水淹没分析时，分析范围应为河流泛滥时的最大可能淹没区域。考虑到地形条件和洪水运动特征，日本将中小河流泛滥区域的泛滥形式分为三类（图 3.19）。

（1）下泄型泛滥。其特征是泛滥水流沿河顺流而下，泛滥水位在河流纵向上存在水力坡度。

（2）滞留型泛滥。泛滥水流存积在封闭水域之内，该水域内的泛滥水位基本一致。但即使从地形上看属于滞留型泛滥，只要在河流纵向上存在水力坡度，就可以判断为下泄型。

（3）扩散型泛滥。泛滥水流随着地形四处扩散，需按平面二维非恒定流进行模拟。

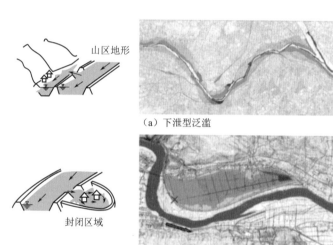

（a）下泄型泛滥

（b）滞留型泛滥

（c）扩散型泛滥

图3.19　各泛滥形式的受淹区域示例

对各类型泛滥进行洪水淹没分析的步骤如图 3.20 所示。

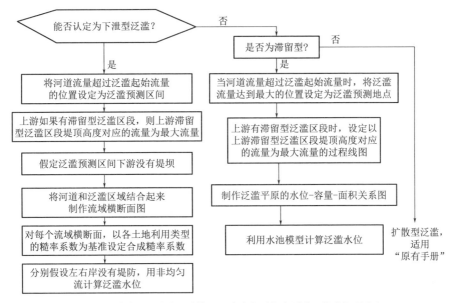

图3.20　计算泛滥的步骤（按照图中流程对各个泛滥区段进行研究）

1. 下泄型泛滥

（1）泛滥条件的设定。对堤防区间的下泄型泛滥区域进行洪水淹没分析时基本上假设左右岸没有堤防，而对拓深河道则是将两岸结合起来进行洪水淹没分析。

1）泛滥起始流量。泛滥起始水位对应的流量即为该地点的泛滥起始流量。

2）预测泛滥区间。编制泛滥起始流量和堤内（河岸）地基高度对应流量的纵断面图，将河道流量在上面注明，该流量超过泛滥起始流量的区间即为可能发生泛滥的区间。即使下泄型泛滥区间中有一部分区间不可能发生泛滥，但如果其上游可能发生泛滥，水流仍会从上游传播到下游，所以从确保受淹区域的连续性方面考虑，该区域也应作为无堤防区域处理（图 3.21）

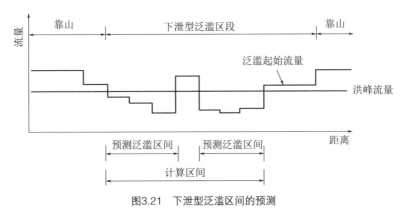

图3.21　下泄型泛滥区间的预测

3）流量条件。对于下泄型泛滥区段，以流入对象区间的洪峰流量为条件进行洪水淹没分析。如果上游地区有滞留型泛滥区段，则以滞留型泛滥区段的堤顶高度对应的流量为最大流量。

（2）洪水淹没分析。在进行洪水淹没分析前，需首先利用河道和泛滥平原的地形数据制作流域横断面图，流域横断面需设定为与泛滥水流的流动方向垂直的断面。在河道弯曲较大且泛滥平原范围较广的情况下，如果制作流域横断面时对河道横断面进行了延伸，流域横断面有可能出现交叉的现象。按这样的横断面进行计算时所采用的间距是不合理的，并且在远离交叉点的上下游会发生逆转，所以在设定流域横断面时需按照与地形等高线成直角的方向进行设定，这样才可以杜绝断面交叉。如果流域横断面形状不变，河流宽度相同，而且坡度不变，则可以使用均匀流计算。但一般情况下，泛滥平原的横断面形状大多是不同的，按均匀流可能无法计算出正确的水位，最好尽量使用非均匀流计算。另外，计算中所用的断面间距要与用于计算过流能力的间距一致。在计算出每个断面的水位后，通过内插可确定淹没区域的边界和任意点的淹没水深。

1）淹没区域的边界。以上下游计算断面的计算所得水位为基础，在其间内插断面水位，找出该水位与地形的交叉点，将上下游边界点连接可编制淹没边界图，如图 3.22 所示。如果泛滥区域的地形凹凸不平，有连续性的填筑构造物，且存在多个上述交叉点，则需对上下游受淹区域的连续性进行勘探后设定淹没边界。

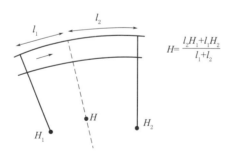

$$H = \frac{l_2 H_1 + l_1 H_2}{l_1 + l_2}$$

图3.22　计算淹没区域的边界

2）任意点的淹没水深。上下游计算断面之间任意点的水位 H 可以利用上下游计算断面的水位 H_1、H_2 和到断面的距离 L_1、L_2，通过内插求得（图 3.23 和图 3.24）。用水位减去地面高度即可得到淹没水深。因此，如果具有 DEM 数据，可通过该方法求得任意点的淹没水深，并容易地编制出淹没水深等值线图。如图 3.24 所示，当河道弯度较大时，设未知水深点到河道中心的距离为 ΔL，在上下游已知断面按同样距离取两个对应点，求值点到该两点的距离分别设为 L_1、L_2，再应用图 3.22 中的插值公式计算。

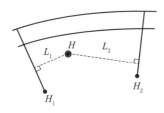
图3.23　河道弯度较小时的插值方法

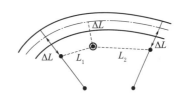
图3.24　河道弯度较大时的插值方法

2. 滞留型泛滥

（1）泛滥条件的设定。

1）泛滥起始流量。泛滥起始水位对应的流量即为该处的泛滥起始流量。

2）可能泛滥地点。将河道流量超过泛滥起始流量的地点中泛滥流量最大的设定为可能泛滥地点。泛滥流量是由河道水位、溃堤高度、溃堤处的堤内水位三者的关系决定的，因此河道流量与地面高度对应流量的差值越大的位置，泛滥流量越大（图 3.25）。

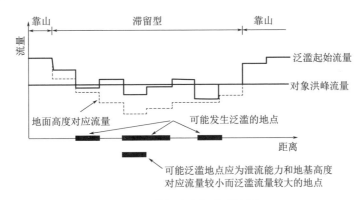
图3.25　滞留型泛滥区间的预测

3）流量条件。对滞留型泛滥区段进行洪水淹没分析时要使用流量过程线图。编制过程线图时如果是通过非恒定流对河道进行追踪，只要考虑堤防溢流，对传播到下游的流量进行求值即可。另外，也可按简化的方法，即以上游区间的堤顶高度流量为上限，对过程线图的峰值进行削减后求值。此外，如果在区间内有支流汇入，需加入该汇流量。

（2）洪水淹没分析。滞留型泛滥洪水淹没分析的步骤如下：

1）编制泛滥平原的水位－容量－面积 $(H–V–A)$ 关系图，即利用城市规划图、数值地图及航空激光雷达测量数据编制泛滥区段的水位 (H)－容量 (V)－面积 (A) 的关系图。使用城市规划图或数值地图数据时，可通过计算网格平均地面高程来编制 $H–V–A$ 关系图。

117

2）计算溃堤处河道水位。计算溃堤处的河道水位时可以使用一个简易的方法，即以计算过流能力时制作的 H-Q 方程式为基础，将流量过程线图变换为水位过程线图后进行设定。不过对于坡度较缓的河流来说，泛滥水流会从河道流出，导致下游水位降低，溃堤处的河道水位也会降低。因此，需要使用非均匀流计算方法对溃堤处的河道水位进行设定。

3）计算溃堤处的流量。如果过去发生过溃堤，则溃堤宽度可参考过去实际发生溃堤时的值；如果未发生过溃堤，可按照式（3.20）或式（3.21）进行计算。

在汇流点（不可忽视汇流影响的河流发生汇流处的点）附近时：

$$y = 2.0(\lg X)^{3.8} + 77 \tag{3.20}$$

不在汇流点附近时：

$$y = 1.6(\lg X)^{3.8} + 62 \tag{3.21}$$

式中：y 为溃堤宽度，m；X 为河流宽度，m。

式（3.20）和式（3.21）针对河流宽度为 20m 以上的中、大规模河流，对宽度在 20m 以下的小河流不能直接应用上述公式，可假设其溃堤宽度为河面宽度的 2～3 倍进行计算。另外，式（3.20）和式（3.21）中的溃堤宽度是指溃堤 1h 后达到的最大宽度，一般设定为溃堤瞬间 $y/2$ 发生溃决，然后按一定速度扩大到 y。

溃堤高度采用的是堤防位置的堤内地基高度和河道涨潮高度两者中较高的数值，设定为溃堤后瞬间达到此高度。

根据溃堤宽度、高度和溃堤处的河道水位，采用正向或侧向溢流公式可计算出溃堤处的流量过程。

a. 正向溢流公式。

（a）对于自由溢流，当 $h_2/h_1 < 2/3$ 时，有

$$Q_0 = 0.35h_1\sqrt{2gh_1}B \tag{3.22}$$

（b）对于淹没溢流，当 $h_2/h_1 \geq 2/3$ 时，有

$$Q_0 = 0.91h_2\sqrt{2g(h_1 - h_2)}B \tag{3.23}$$

式中：h_1、h_2 为从溃堤处测得的水深，其中高者为 h_1，低者为 h_2（洪水流入时 h_1 为河道内水深、h_2 为堤内侧水深，洪水从溃堤处往河道内逆流时 h_2 为河道内水深、h_1 为堤内侧水深）；B 为河道水面宽度。

b. 侧向溢流公式。

（a）当 $I > 1/1580$ 时，有

$$Q/Q_0 = [0.14 + 0.19\lg(1/I)]\cos[48 - 15\lg(1/I)] \tag{3.24}$$

（b）当 $1/1580 \geqslant I \geqslant 1/33000$ 时，有

$$Q/Q_0 = 0.14 + 0.19\lg(1/I)\qquad(3.25)$$

（c）当 $1/33000 > I$ 时，有

$$Q/Q_0 = 1\qquad(3.26)$$

式中：Q_0 为用正向溢流公式算出的流量；I 为河床坡度；Q 为侧向溢流量。

4）计算淹没水位。将河道流量过程线按照河道的 H–Q 方程式换算为水位过程，并作为溃堤点的河道水位条件，通过图 3.26 所示方法采用水池模型计算泛滥水位。需注意，如果 Δt 取值过大，溃堤点的内外水位会出现振动（每 Δt 内外水位会逆转）。另外，如果堤防高度比计算出的水位还低，就需要采取返回河道的计算。

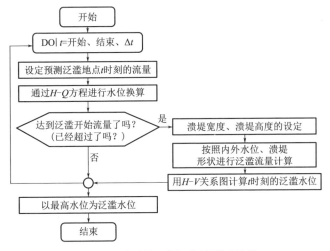

图3.26　用水池模型进行泛滥计算的流程

将计算出的最高泛滥水位与制作 H（水位）–V（容积）–A（水面面积）关系图时生成的网格地面高程数据相减即可得到淹没水深分布。将水池模型应用于面积、容量大的泛滥平原时，由于地形上的原因也可考虑采用双池模型等方法进行洪水淹没计算。

3. 排水条件设定

参照 3.1 节确定的方法。

4. 淹没时间的确定

以浸水深度 0.5m（难以到室外避险并且可能孤立无援的深度）为指标，计算超过该浸水深度的时间。对于中小河流的淹没时间，可以采取简单的方法，仅考虑河道水位升降导致的淹没时间，如图 3.27 所示。

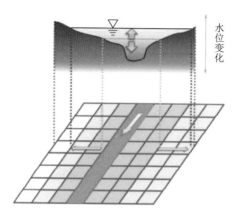

图3.27　考虑河道水位升降导致的淹没时间

3.2.3　房屋倒塌区域分析方法

房屋倒塌的原因有两种，分别为溃堤洪水和河岸侵蚀。只有当堤坝高度超过 2m 时，才建议采取二维水力学计算溃堤导致的流速和水深，根据房屋结构形式及承受力确定溃堤洪水引发的房屋倒塌范围。

河岸侵蚀引起的房屋倒塌区域确定方法见 3.1 节。

3.3　小型河流简易浸水想定图编制技术

本章 3.1 节和 3.2 节分别提出了江河和中小河流的浸水想定区域图编制技术。2017 年，国土交通省国土技术政策研究所在上述河流的浸水图编制技术的基础上，将技术更进一步简化，针对小型河流（山洪沟）基础资料欠缺、编制单位技术力量差、难以掌握复杂的计算方法的实际情况，又提出了小型河流简易浸水想定图编制技术，采取更加简化的方法❶。以上几种技术的比较见表 3.4。

表3.4　　　　　　　　　简易浸水想定图计算方法的比较❷

比较项目	浸水想定区域图	浸水实际图	简易浸水想定图 （运用LP激光雷达数据）	简易浸水想定图 （运用地形分类）
方法	一维非均匀流； 二维非恒定流计算等	根据过去的淹没调查结果	使用LP数据进行一维非均匀流计算等	根据现有地形分类图

---

❶　中小河川における簡易的な水害リスク情報作成の手引き [EB/OL]. http://www.mlit.go.jp/river/shishin_guideline/pdf/chushou_kaninarisuku_tebiki.pdf。

❷　中小河川の水害リスク評価に関する技術検討会 [EB/OL]. http://www.mlit.go.jp/river/shinngikai_blog/tyusyokasen/index.html。

比较项目	浸水想定区域图	浸水实际图	简易浸水想定图（运用LP激光雷达数据）	简易浸水想定图（运用地形分类）
所需数据	河道纵横断测量数据；洪水泛滥区高程数据；其他淹没计算所需的数据（降雨、产汇流、演进、泛滥计算的参数）	浸水实际范围数据	LP数据（河道及岸坡）；运用推理公式进行产汇流计算所需的数据（降雨强度、流域面积等）	地形分类图
工作量	比较大	不需计算	比较小	不需计算
优点	可根据预想的洪水规模，进行淹没深度、范围的评价	不需水文计算	通过运用LP数据，可以比较少的工作量评价沿河的浸水程度	不需水文计算；通过地形分类图，可以掌握土地利用和特征，进而评估浸水风险
缺点	与简易浸水想定图（运用LP数据）相比，工作量大	无历史淹没记录的河流不适用；不能反映超过或小于历史记录的洪水淹没特征	与浸水想定区域图相比，分析计算的精度相对较低	地形分类因地区、比例尺（1∶50000或者1∶25000）而异；有时地形分类并不一定与淹没风险对应

　　小型河流简易浸水想定图的编制立足于支援居民迅速避险，适用于都道府县与市町村层面，有以下两种方法：

　　（1）基于航空激光测量得到的河流三维地形（LiDAR profile，LP）数据的简易浸水想定图编制方法。

　　（2）运用地形分类图的简易浸水想定图编制方法。

3.3.1　基于LP数据的编制方法

　　运用LP数据进行简易浸水想定图编制的流程如下：

　　（1）根据想定降雨过程线与推理公式，进行洪水流量的计算（如有流量观测数据时，则采用实测数据）。利用推理公式时，可考虑运用土木研究所的降雨强度计算方法。

　　（2）根据上述洪水流量，推求洪水位。原则上，按照现状河道宽度计算水位。如考虑大规模暴雨时在河道中淤积大量泥沙，则根据类似河流的受灾实例，估计泥沙淤积厚度。

（3）把在步骤（2）中推测的洪水位展布到河道内，确定与岸坡地面线的交点。

（4）沿着河流纵轴方向连接上述交点，绘制出某一重现期的大致淹没范围。

（5）根据需要，按照不同的降雨重现期重复步骤（2）~步骤（4）。

（6）通过叠加不同降雨重现期的淹没范围，制作简易浸水想定图。

（7）如有其他地区或河流的淹没图时，可将本河流的简易浸水想定图与其他图合并，形成一个大范围的浸水想定区域图。

如本河流历史上承受过大规模洪水泛滥，有实际洪水泛滥范围记录（洪痕），则制图过程中要采用历史实际流量进行计算，标出实际洪水淹没线。具体制作流程和最终图件见图 3.28 ~ 图 3.30。

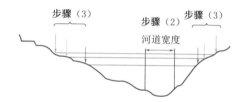

图3.28　步骤（2）和步骤（3）参考图

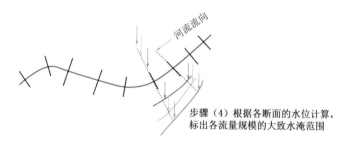

图3.29　步骤（4）参考图

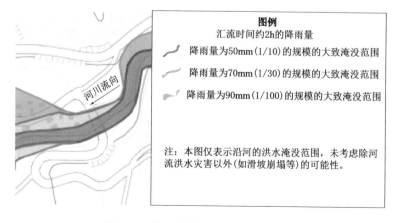

图3.30　基于LP的简易洪水风险图示意

3.3.2 基于地形分类图的编制方法

运用地形分类图进行简易浸水想定图编制的流程如下：

（1）收集拟绘制浸水想定图的河流所在地区的地形分类图，包括土地利用图（比例尺为 1：25000）、治水地形分类图（比例尺为 1：25000）、都道府县绘制的地形分类图（比例尺为 1：50000）❶。可在国土交通省风险地图网站（https://disaportal.gsi.go.jp/index.html）浏览下载以上图件。

（2）根据现有地形分类图的说明，分析确定不同地形地貌的洪水风险特征和形成的历史条件（参考：http://www.gsi.go.jp/bousaichiri/lfc_index.html）。在谷底平原等相同的地形分类中，也有淹没相对难易程度的差异。因此，理解地形特性非常重要。

（3）进一步加工处理，确保浸水图能够反映该中小河流周边的地形分类分布与洪水风险特征。

图 3.31 为两种简易浸水想定图的示例与叠加图。

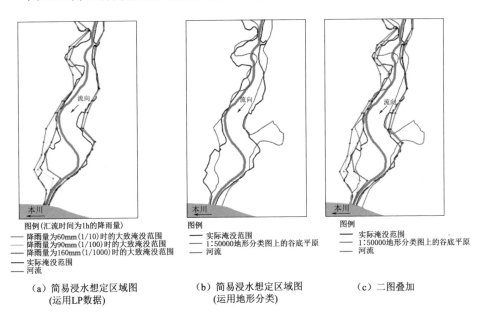

图例(汇流时间为1h的降雨量)
—— 降雨量为60mm(1/10)时的大致淹没范围
—— 降雨量为90mm(1/100)时的大致淹没范围
—— 降雨量为160mm(1/1000)时的大致淹没范围
—— 实际淹没范围
—— 河流

图例
—— 实际淹没范围
—— 1：50000地形分类图上的谷底平原
—— 河流

图例
—— 实际淹没范围
—— 1：50000地形分类图上的谷底平原
—— 河流

　（a）简易浸水想定区域图　　　　　（b）简易浸水想定区域图　　　　　（c）二图叠加
　　　(运用LP数据)　　　　　　　　　　(运用地形分类)

图3.31　两种简易浸水想定图的示例和叠加图

---

❶ 1：50000 比例尺的地形分类图比 1：25000 比例尺的图的精度差，但因比 1：25000 比例尺的地形分类图囊括更大的范围，所以如无 1：25000 比例尺的地形分类图，1：50000 比例尺的地形分类图编制的洪水风险图也可使用。

知识链接 2

日本中小河流防洪能力评估[1]

近年来，中小河流洪水灾害严重，因无法获得精准的河道横纵断面信息，而影响中小河流洪水预报精度。而激光雷达测量技术的发展为准确获取中小河流地理信息开辟了一条新的路径。通过装载在飞机上的激光雷达向地面发射激光脉冲，然后解析返回的激光脉冲，取得三维地形，通过该数据，即可高精度地获取河道横纵断面形状等，高程误差一般不大于30cm。

2007年，日本国土交通省颁布了《航空激光雷达测量河道及流域三维电子地图制作指南》，以适应激光雷达测量技术在河道测量中的应用发展。在此基础上，大部分中小河流通过采用激光雷达数据剖分高精度的河道横纵断面，为采用一维水动力学计算提供了基础条件。2005—2007年，国土交通省利用三年的时间，组织各分支机构进行了全日本范围中小河流的防洪安全评估，采用航空激光雷达测绘技术和水文学的方法评估了所有中小河流的防洪能力，解决了常规方法中小河流地形测绘费时费力的问题（图3.32）。

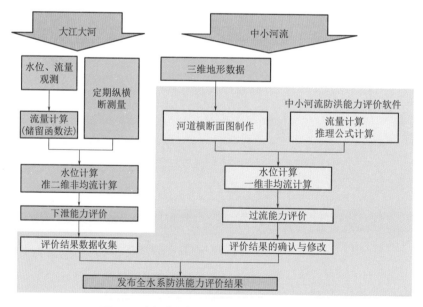

图3.32　大河流和中小河流防洪能力评估的流程

---

[1] 参见 http://www.nilim.go.jp/lab/rcg/newhp/seika.files/lp/index.html。

采用激光雷达测绘生成激光点云后，评估机构再制作三角不规则网络（triangulated irregular network，TIN），再进行插值生成河流横断面图。中小河流的洪水分析采用水文学方法，计算方便迅速，再将计算的流量转化为水位，与河流岸坡高程比较，确定河流的过流能力。每个河段的防洪能力以平面形式表示，即"每个河段能承受多少重现期的降雨"，使得基层普通人员也能理解河流防洪能力的概念。日本同时汇总全国中小河流防洪能力评估成果并在网站发布。

3.4　市町村洪水危险图编制方法

2013年国土交通省水管理·国土保全局发布了《洪水危险图制作和实施指南》（《まるごとまちごとハザードマップ実施の手引き》），2017年6月又发布了指南的第2版。在浸水想定区域图的基础上绘制洪水危险图，其目的是指导避险行动，让居民在出现洪水险情时知道如何行动，而且该图要易用易懂。

3.4.1　编制流程

按照《洪水危险图制作和实施指南》编制市町村洪水危险图时，应遵循以下规定（图3.33）。

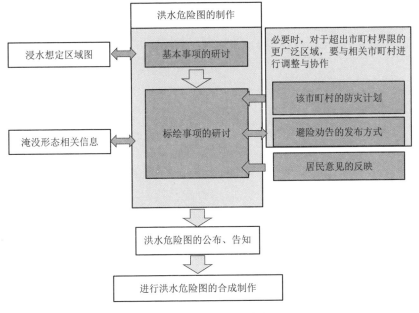

图3.33　洪水危险图制作流程

（1）编制洪水风险图的责任主体是各市、町、村的行政首长，各级水行政主管部门给予必要的技术支持。

（2）成立各地洪水危险图检讨委员会，该委员会由专家、河流管理者、上级都道府县代表、防洪主管部门代表、居民代表、地方防洪部门负责人等组成。该委员会对市町村行政首长负责，对洪水危险图的编制提出要求并在编制过程中提供技术指导。

（3）危险图完成后要向居民公布和普及。危险图要发放到户，在市民馆公布，并通过地方志和媒体广泛传播；召开讲演会，向市民讲解，并列入中小学教育内容。对居民掌握运用风险图的状况进行调查，对高风险区域进行安全检查，必要时按风险图让居民进行避险演习。同时，洪水风险图要纳入防洪规划，反映到地域的减灾计划。国土交通省发布了浸水想定区域图和危险图集成查询网站❶，用户可查询日本国内任一河流、城市的洪水风险图。

（4）洪水危险图更新时，如何更清晰、更易于理解，要切实征求、反映居民的意见，努力加以改善。

图 3.33 所示的洪水危险图制作流程表明，当市町村编制洪水危险图时，首先要基于浸水想定区域图进行基本事项的研讨；然后要根据淹没形态相关信息与该市町村的防灾计划及避险劝告等信息的发布方式，研讨洪水危险图上需记载的事项；同时在洪水危险图发布之前，以及在修订的过程中，还要注意征求居民的意见；洪水危险图发布之后，还要尽力进行洪水危险图与实时预报预警信息的合成制作。这一流程规定表明，洪水危险图只有因地制宜，充分反映地方的洪水风险特征，切实为广大居民所熟悉掌握，并与实施预报预警信息相结合，才可能真正发挥出洪水危险图在防汛应急响应行动中的作用。

3.4.2 规格形式

制作洪水危险图的目标是有效指导居民避险。因此危险图要标识受灾区域的水深和避险路径、避险场所等信息。

（1）成果样式。考虑地图大小的幅度以及拟传达的避险有效运用信息、灾害学习信息的信息量，选择如下适宜的形式：①图的形式；②册子形式；③册子＋图的形式，见表 3.5。

---

❶ 参见 http://suiboumap.gsi.go.jp/。

表3.5　　　　　　　　　　　洪水危险图的主要形式

制成形式	概　要	特　征
图的形式	在A0～A1的图幅上记载相关信息	·制图范围可以完全收入 ·可承载的信息量有限
册子形式	在A4～B4的册子中记载相关信息	·制图范围难以完全收入 ·可承载大量信息量
册子+图的形式	在A4～B4的册子中附载A0～A1的图幅	·制图范围可以完全收入 ·可承载大量信息量

（2）地图的制作范围。根据国家或都道府县制作的"浸水想定区域图"设定制作的范围。为了使得临近市町村边界的居民得以了解相邻区域的受淹情况，市町村界外一定范围的浸水信息也有必要标示出来。

（3）地图的比例尺。为了能够识别出一栋栋的住宅，地图的比例尺标准定为 1：10000～1：15000。

（4）标绘事项。洪水危险图上标绘的项目，原则上有必备的"通用项目"与基于对当地状况的判断而应有的"地域项目"，见表3.6。

表3.6　　　　　　　　　　洪水危险图的标绘事项一览

类　别	项　目
通用项目 （必备信息）	·浸水想定区域与水深 ·洪水时房屋损毁的危险地带 ·避险场所等 ·避险时的危险地点 ·土砂灾害警戒区域 ·水位观测站等的位置 ·与浸水等级相对应的避险行动的注意事项 ·洪水预报等、避险情报的传达方法（推送型信息） ·洪水发生时可获得的信息及获取的方法（动态型信息） ·避险场所一览 ·海啸灾害警戒区相关事项 ·其他
地域项目 （政府判断的选择信息）	避险有效运用信息： ·河流的泛滥特性 ·避险时的注意事项 ·避险劝告等相关的事项 ·地下街等相关的情报

127

续表

类　　别	项　　目
地域项目 （政府判断的选择信息）	灾害学习信息： ·水灾发生机理、地形与泛滥的形态 ·既往洪水相关的信息 ·洪水发生时及避险时应注意的事项 ·防备水患的心理准备 ·气象信息相关的事项 ·其他

（5）制图时的注意事项。为了做出居民易于理解的洪水危险图，制图时需注意下述事项：

1）图上不要增添过多的信息，以免难以辨认。

2）在册子形式的地图中，为了便于居民掌握避险场所、河流及浸水状况，要设定与相邻区域重叠的适宜面积。

3）更新洪水危险图时，要适当反映居民的意见。

（6）跨区域的避险计划。浸水想定区域扩大到市町村全域，当仅在市町村内无法收容避险者时，有必要考虑向其他市町村转移的避险计划。

3.4.3　标绘要素

洪水危险图标绘的要素如图 3.34 所示：

（1）浸水想定区域与浸水想定深度。利用国家或都道府县提供的"浸水想定"资料，以 3.0m 和 0.5m 为界分三段，将不同的颜色作为标注水深的标准，如图 3.11 所示。

（2）洪水时房屋损毁的危险地带。洪水发生时会造成房屋损毁、威胁室内人员生命安全的地带，作为"洪水时房屋损毁的危险地带"要在图上明确标示。该危险地带中房屋的损毁成因有洪水泛滥与河岸侵蚀两种。

（3）避险场所。洪水发生时可利用的避险场所应在图上标示出来。为了使避险场所的位置与可利用状态一目了然，需以不同颜色来进行标注。蓝色表示房屋各层皆可利用；橙色表示二层以上可以利用；红色表示三层以上可以利用。

（4）避险时的危险地点。居民向避险所转移的途中，会有导致行进困难的积水路段，甚至存在可能威胁生命安全的地点，如暴雨中路边会出现急流的侧沟和积水很深的下凹式桥涵等，要在图中明确标出。为避免标记过多不易看清，有必要将危险点的标记区分为居民应知的信息与行政管理部门应知的信息两种。

（5）土砂灾害警戒区域。在浸水想定区域及与周边避险场所相关的区域中，如果存在滑坡、泥石流警戒区域的话，必须在图中标示出来。

（6）水位观测站的位置。洪水注意报、警报发布时所附的河流水位基准观测站名是居民判断自身危险性、是否采取避险行动的重要依据，应在图中明确标出。

（7）洪水预报、避险情报的传达方法（推送型信息）。作为行政部门向居民发布的"推送型"信息，洪水预报与避险情报的传达方式要标记下来。

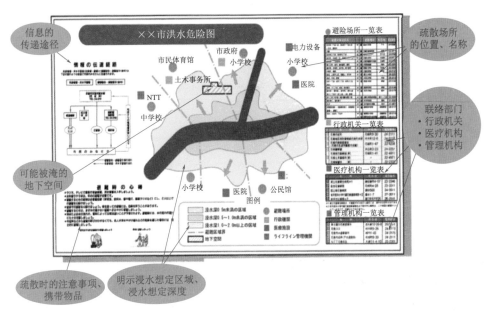

图3.34　洪水危险图关键要素

🔗 知识链接 3

洪水危险图的发布和推广应用案例[1]

洪水危险图旨在增强居民对洪水危险性和避险方法的理解，使其采取适当的避险行动，从而减少人员伤亡。仅制作、发放洪水危险图，居民很难理解其内容，洪水来临时很难采取及时、正确的避险行动。为了将洪水危险图有效应用于洪水时居民避险，不仅要发放和在网上公布洪水危险图，还要利用研讨会、避险训练、防灾教育等场合和时机不断宣传，增强居民对洪水危险图的理解。

---

[1] まるごとまちごとハザードマップ取組事例集［EB/OL］．http://www.mlit.go.jp/river/bousai/main/marumachi/pdf/marumachi_jirei.pdf。

1. 日本电报电话公司制作的防灾手册

日本电报电话公司下辖的各分支机构，每年与各市町村合作发行便于携带的（B5 和 A5 版）的防灾城市手册（图 3.35），除了标记洪水临时避险场所，还刊登了应急治疗方法等。这种小册子可以在各分支机构的大厅内免费领取。

图3.35　日本电报电话公司制作的防灾手册

2. 防灾机构的培训和宣传教育素材

政府的防灾机构将洪水危险图作为培训和宣传教育素材。通过说明会、宣教活动（图 3.36）、现场讲座（图 3.37）等形式，加深居民、企业、学校对洪水危险图的认识，了解自家周围浸水深度、何时避险、避险所位置、避险路线等，提高地区防灾的意识。

图3.36　名古屋市上下水道局主办的活动　　　图3.37　市政管理机构的讲座

3. 利用洪水危险图进行避险演练

新潟县燕市开展了约 380 名居民参加的避险训练，在演练当天通过讲解洪水危险图，宣贯避险时的注意事项。1 个月后再次召开回顾总结会（图 3.38），就避险信息的内容、发送方法、采取避险行动交换意见，提高了居民对洪涝灾害的应对能力。

图3.38　演练回顾总结会现场

4. 利用洪水危险图进行图上训练

地区居民、社区、防灾组织、学校等为组织主体，基于洪水危险图，以小组的形式开展图上训练（图 3.39），分析危险隐患，讨论应对措施和合理的避险方案。

图3.39　图上训练实施案例

5. 利用洪水危险图进行防灾综合演练

为了在发生灾害时能够根据指南迅速应对，新潟县三条市的政府、防灾组织、消防队等机构，联合开展了洪水灾害综合应对防灾演练（图 3.40）。

图3.40　三条市各机构联合开展洪水灾害综合应对防灾训练

6. 用作学校防灾教育的材料

熊本县久木野中学调研了当地危险点的分布情况，将学生上学道路经过区域的洪水危险图、泥石流灾害图叠加，制作了综合危险图（图 3.41）。

通过此活动，学生更加注意身边的危险，防灾意识显著提高。

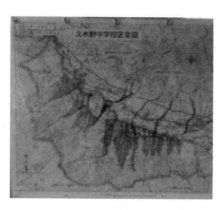

图3.41 学生制作的综合危险图

3.5 本章小结

（1）新发布的《洪水浸水想定区域图编制指南》（第 4 版）要求，浸水分析时应使用想定最大规模的降雨量和降雨过程线，考虑微地形和建筑物对浸水的影响，充分调查淹没区排水设施运转能力，标绘洪水泛滥和河岸侵蚀两种原因导致的房屋倒塌区域范围。

（2）在中小河流洪水浸水想定区域图制作时，按地形和洪水运动的特点将泛滥区域分为下泄型、滞留型和扩散型三种，并针对此三种类型分别采用非均匀流计算、水池模型和平面二维非恒定流分析的方法。

（3）针对小型河流（山洪沟）基础资料欠缺、编制单位技术力量差、难以掌握复杂的计算方法的实际情况，国土交通省提出基于 LP 数据和地形分类图的方法，制作小型河流简易浸水想定图。

（4）制作洪水危险图的目标是有效指导居民避险。因此危险图要标识受灾区域的水深和避险路径、避险场所、地下空间、预警信息传递方式等信息。洪水危险图实质上是居民的避险指南。

第4章

暴雨洪水监测预警技术

近十几年来，日本的暴雨洪水监测预警技术和体系得到了快速发展，日本建立了覆盖全境的暴雨、水位监测体系，并实现了河流重要河段的预报全覆盖、小河流预警全覆盖。本章将介绍日本现行的暴雨洪水监测的亮点技术和设备，包括 X 波段 MP 雷达测雨技术、危机管理型水位计、流域雨量指数方法、洪水分析软件和方法等。

4.1 暴雨洪水监测技术

4.1.1 X波段MP雷达测雨技术

为了对实现局地短时强降雨及快速移动的降雨（日本称为"游击性"降雨）的监测，国土交通省水管理·国土保全局于 2010 年起开始采用 X 波段 MP 雷达监测降雨，截至 2015 年基本完成了由 39 台 X 波段 MP 雷达的组网，实现了大部分城市的覆盖。2017 年，国土交通省将所管的 14 台 C 波段 MP 雷达和 X 波段 MP 雷达监测数据合成，称之为 XRAIN，并在"川的防灾情报"门户网站上发布，面向社会和个人用户提供 PC 终端和智能手机等可浏览的雷达监测降雨产品（图 4.1）。截至 2019 年 10 月，XRAIN 已扩容至 26 台 C 波段雷达（其中 16 台为 MP 雷达）和 39 台 X 波段 MP 雷达。XRAIN 不使用地面雨量计进行校正，能够达到与地面雨量计相同的观测精度，但雨量监测网格可达到 250m，监测周期为 1min，发送延迟 1 ~ 2min❶。

---

❶ 実務技術者のためのレーダ雨量計講座[EB/OL]. http://www.river.or.jp/jigyo/radar/314.html.

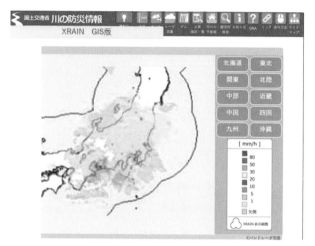

图4.1   雷达测雨发布产品——XRAIN

X 波段 MP 雷达的规模化应用,标志着日本的暴雨洪水监测达到了新的水平。

1. X波段MP雷达的特点

(1)高时空分辨率。X 波段 MP 雷达波频率为（8 ~ 12）GHz（监测半径为 60km），C 波段雷达波频率为（4 ~ 8）GHz（监测半径为 120km），X 波长比 C 波长短，因而可以进行高分辨率的观测，如图 4.2 所示。

(2)高实时性。X 波段 MP 雷达通过发送两种极化波（水平、垂直），在雷达波被雨滴散射返回的过程中，利用两种波的相位差可直接掌握雨滴的形状，进而推测降雨强度，不需要用地面雨量计进行校正，如图 4.2 所示。

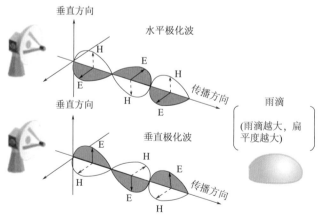

图4.2   通过极化波相位差推测雨滴形状
E—电场；H—磁场

(3)可以观测雨滴的移动方向。通过多普勒功能，监测雨滴的移动方向和移动速度，为短临降雨预报提供信息支持。

2. X波段MP雷达测雨原理

用雷达雨量计的极化波相位差 Φ_{dp} 及与雷达的距离 r 可以推求极化波相位差变化率 K_{dp}。相位差变化率 K_{dp} 能够反映雨滴的形状，并且与降雨强度相关。

因此，可以用极化波相位差 Φ_{dp} 计算 K_{dp} 和 r 之间的关系表达式（K_{dp}–r 关系），从而计算降雨强度 R_r。

$$K_{dp} = \frac{\Phi_{dp2} - \Phi_{dp1}}{r_2 - r_1} \tag{4.1}$$

$$R_r(K_{dp}) = a_1 K_{dp}{}^{a_2} \tag{4.2}$$

式中：a_1、a_2 为系数，通过雨滴粒径分布的观测数据计算得出。

X 波段 MP 雷达具有多个观测值（极化参数）。在计算降雨强度 R_r 时，一些极化参数可用于质量控制，例如衰减校正和异常值消除等。X 波段 MP 雷达观测参数见表 4.1。

表4.1　　　　　　　　　　　　X波段MP雷达观测参数

观测参数		对参数的解释
元数据8要素	P_{rh-NOR}	水平极化波接收功率（不去除杂波）：从目标上返回（反向散射）的水平极化波 [包括从地面等返回的雷达波（地物杂波）] 的功率值
	P_{rh-MTI}	水平极化波接收功率（去除杂波）。通过对 P_{rh-NOR} 进行移动目标检测（moving target indicator, MTI）处理，消除了不必要的地面杂波，仅提取了降雨区域的水平极化波
	P_{rv-NOR}	垂直极化波接收功率（不去除杂波）：从目标上返回（反向散射）的垂直极化波 [包括从地面等返回的无线电波（地物杂波）] 的功率值
	P_{rv-MTI}	垂直极化波接收功率（去除杂波）。通过对 P_{rv-NOR} 应用MTI处理，消除了不必要的地面杂波，仅提取了降雨区域的垂直极化波
	V	速度：朝向雷达系统（或远离）的风速。可以通过使用多个观测值来估算风速在三维的数值
	W	速度宽度：观测多普勒速度的分散情况（扰动状态），用于质量控制
	Φ_{dp}	极化波相位差：水平极化波和垂直极化波之间的相位差。穿过大雨滴（由于空气阻力而变平）时，水平极化波的相位比垂直极化波的相位要延迟
	ρ_{Hv}	波之间的相关系数：指示观测粒子的不规则程度，降雨区域无限接近1，地面杂波区域和融化层（雨雪混合的层）中的值很小
初级处理的数据要素（5要素）	Z_H	雷达反射系数（水平极化）：由雷达方程根据 P_{rh-MTI} 计算得出的雷达反射强度，并经过降雨衰减校正。降雨衰减校正使用 K_{dp}
	Z_{DR}	雷达反射系数差：Z_H 和 Z_V（雷达垂直极化反射系数）的差。雨滴越大（雨滴的平坦度越大），Z_H 与 Z_V 相比就越大，因此 Z_{DR} 显示正值，用于估计粒度分布和颗粒区分度

续表

观测参数		对 参 数 的 解 释
初级处理的数据要素（5要素）	K_{dp}	相位差变化率，与雷达波传播方向上Φ_{dp}的变化量和降雨强度密切相关。由于不易受到降雨衰减的影响，因此可以进行准确的观察
	R_r	雷达降雨强度：每个站点在每个仰角的降雨强度，通过函数切换$K_{dp}-r$和$Z-r$关系表达式来计算，其中Z为反射系数
	Q_F	质量控制信息：描述所使用的降雨估算公式（$K_{dp}-r$）和盲区（雷达波消散或超出观察范围或屏蔽区域）的质量控制信息

3. C波段与X波段MP雷达数据合成（XRAIN）

XRAIN 根据全国 16 台 C 波段 MP 雷达和 39 台 X 波段 MP 雷达的观测值，在分析处理工作站中执行初级处理，然后在综合处理工作站中执行 Cressman 插值，输出每分钟更新一次的 250m 网格的实时（约延迟 1min）合成降雨量。其中每个网格的值是通过对多个雷达观测值进行加权和内插来计算的。

通过将降雨计算与基于极化观测的 $K_{dp}-r$ 方法相结合，可以确保监测精度而无须进行基于地面的降雨校正，从而实现近似的实时数据发布。合成处理使用了 Cressman 插值法，其中，每个投影网格点的雨量数据是将周边多个雷达的监测数值加权内插获得的（图 4.3）。总体而言，监测点的高度越低、越靠近雷达站点，其权重越大。❶

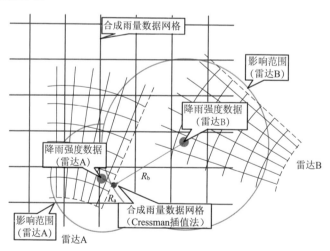

图4.3　采用Cressman插值法合成多个雷达数据

R_a—某一特定点（需要插值的点）与雷达A某网格中心点的距离；
R_b—某一特定点（需要插值的点）与雷达B某网格中心点的距离

---

❶　国総研资料第 909 号　XRAIN 雨量観測の实用化技術に関する検討资料［EB/OL］. http://www.nilim.go.jp/lab/bcg/siryou/tnn/tnn0909.htm。

知识链接 1

日本最新气象雷达——多参数相控阵气象雷达（MP-PAWR）[1]

2017 年，日本新开发了一种新的具有双极化功能的多参数相控阵气象雷达（MP-PAWR）。该雷达同时具备多参数（MP）雷达和相控阵气象雷达（PAWR）的性能，其名称也是由此而来。它的特点是使用极化参数的先进雨云检测和监测方法，与以前的雷达相比具有更高的时间分辨率和精度。该相控阵气象雷达能在 30s 内观测到积雨云的三维立体结构，可事先检测出局部地区的突发性暴雨等。而多参数雷达具备相控阵气象雷达所不具备的极化波观测功能，能进一步提高雨量的观测精度。

日本将多参数相控阵气象雷达（MP-PAWR）作为国家项目开发，项目名称为战略性创新创造项目（cross-ministerial strategic innovation promotion program, SIP），由日本综合科学技术创新会议主导，参与开发的还有日本情报通信研究机构（NICT）、东京都立大学、东芝基础设施系统公司、名古屋大学和埼玉大学的研究人员。2017 年 11 月，项目研制的气象雷达布置在埼玉大学建设工学科 3 号馆楼顶，并初步进行了性能评估（图 4.4）。

2018 年 7 月，日本防灾科学技术研究所与日本气象协会开展了验证实验，目的是证实 MP-PAWR 的功能，为地方政府等提供暴雨和浸水的预测信息。实验征集了 2000 名观察员。在举办东京奥运会和残奥会时，有望利用多参数相控阵气象雷达（MP-PAWR）判断室外竞技项目是否开始、中断和继续等，还能在暴雨到来前将观众引导至室内等。此外，地方政府提前了解大雨时可能发生浸水的场所，就能够有充分的时间开展防汛工作以及向居民发出避险指示。

图4.4　多参数相控阵气象雷达（MP-PAWR）外观图

---

[1]　世界初の実用型「マルチパラメータ・フェーズドアレイ気象レーダ（MP-PAWR）」を開発・設置 [EB/OL] . https://www.jst.go.jp/sip/dl/k08/k08_20171129.pdf。

4.1.2　危机管理型水位计

2016 年以来，日本连续发生中小河流洪水灾害，造成重大人员伤亡。对多场灾害进行反思后，国土交通省认为，有必要开发陡升陡降洪水监测的低成本水位计（称为"危机管理型水位计"），能够直接将水位监测信息传达给周边居民，提高其主动防灾避险的意识。为此，国土交通省联合河流信息中心等单位，制定了基于 Iot 技术（物联网）的危机管理型水位计技术标准，组织了产品招募开发。❶ 2018 年 7 月西日本大洪水后，国土交通省又把危机管理型水位计开发部署纳入灾后重建计划，加快产品开发定型及安装部署，至 2020 年初，危机管理型水位计已累计安装多达 8800 处。

1. 实现低成本化

为了促进水位计的普及，首要条件是实现水位计的低成本化，为此，开发单位做了如下改进。

（1）间歇监测。通过间歇监测模式，控制设备的电力消耗。危机管理型水位计的开发目标仅为掌握洪水时的水位状况，为逃生避险提供信息。所以水位监测及传输仅在洪水时进行，监测模式根据水位自动切换。

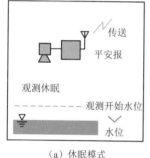
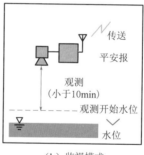
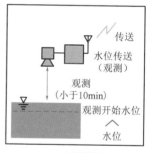

（a）休眠模式　　　　　　（b）监视模式　　　　　　（c）观测模式

图4.5　危机管理型水位计监测模式

监测模式（图 4.5）有 3 种：①休眠模式，水位计日常处于休眠模式，（1 天 1 次平安报），在降雨时，远程发出监测指示，设备进入监测状态；②监视模式，当水位处于设置的观测开始水位以下时，进行水位监测（间隔小于 10min），但不传输数据（仅 1 天 1 次平安报）；③观测模式，水位在观测开始水位以上时，进行水位观测，按照间隔小于 10min 的频次报送数据。因采用间歇监测，可以实现电池和外包装体积的小型化，同时可以降低设备的成本和大幅度削减施工费。

（2）装置的一体化、小型化。以前的遥测式水位监测站，需要一定面积的

---

❶　危機管理型水位計に関するポータルサイト [EB/OL]. http://www.river.or.jp/koeki/riverwaterlevels/portal.html。

土地。而危机管理型水位计，因为内置电池等的小型化、设备的一体化，外包装体积大幅度减小，可以简便地安装在堤防（护岸）、桥梁上（图4.6）。

图4.6　可简便安装的危机管理型水位计

（3）公用通信网、云技术的利用。以前的遥测水位计的数据，利用超短波方式进行传输，同时自建服务器和数据库进行数据存储处理，均需要高昂的运行维护成本。危机管理型水位计利用公用通信网、自组网、云技术等，可以削减建设费用及维护管理成本。

2. 特点与规格

危机管理型水位计具有以下特点：

（1）长期免维护。采用高密度电池，无外部供电情况下可以运转5年以上。

（2）小型化。可以方便地安装在桥梁等河流构筑物上。

（3）初始成本低。因仅在洪水时进行水位观测，通过设备小型化、通信设备的技术开发，降低成本（设备安装费用在100万日元/台以下）。

（4）降低维护管理成本。因仅在洪水时进行水位观测，传输数据量大幅度减少，运用最新的Iot技术，降低通信成本

危机管理型水位计的外观与主要规格分别见图4.6和表4.2。

表4.2　　　　　　　　　　危机管理型水位计的主要规格

水位计	监测方式	压力式、浮子式
		雷达式、超声波式
	测量范围	0～10m
	分辨率	1cm
	误差范围	±0.3%以内
控制模块	设置功能	水位设置：观测基准高，监测开始水位，监测停止水位
		模式设置：监视模式、观测模式

续表

控制模块	水位计算处理	采集间隔在1s以内，采集20s后，去除异常值，再进行平均
	其他	时钟校正功能、防雷功能
通信模块	通信间隔	观测模式：按照观测间隔传输 （设置10min、5min、2min的时间间隔） 监视模式：1日1次平安报
	通信标准	LTE网（4G）、自组网连接
	其他	利用SIM卡（对应各运营商）
电源模块	监测模式	太阳能电池：9天无日照后，用观测模式监测150次左右 化学电池：用观测模式1年观测4次，每次观测150次左右
	电池更换期限	根据动作条件，5年无须更换电池
外包装	保护等级	IP55以上
整体	使用环境	−10～+50℃

3. 河流水位信息系统（k.River）

在大量安装部署危机管理型水位计的同时，国土交通省在"川的防灾情报"基础上，开发了河流水位信息系统（k.River）。隶属于国土交通省和地方政府的危机管理型水位计监测信息，直接上报至该系统（https://k.river.go.jp/）。系统整合处理了全日本所有水位站数据，用户可随意浏览各河流的水位状况（图4.7和图4.8）。

2018年6月，河流水位信息系统（k.River）开始上线运行。2018年9月末，第24号台风横穿日本列岛时，系统日访问量达到45万次。与刚上线时比，日访问数增加了约20倍。

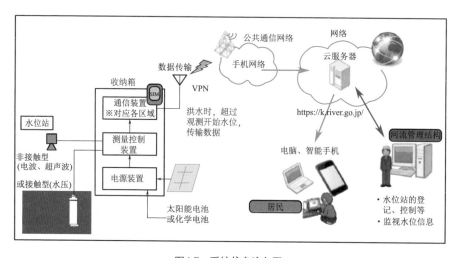

图4.7　系统信息流向图

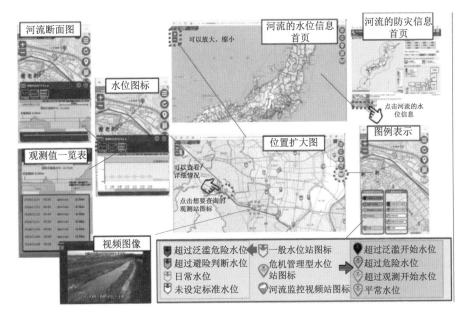

图4.8　河流水位信息系统（k.River）

在浏览器上输入 https://k.river.go.jp/，或扫描二维码，不用输入账户密码就可以进入河流水位信息系统（k.River）：

（1）首页（全日本观测站位置图）。在地图上显示所有的危机管理型水位计及常规水位计位置图标。图标的颜色随着观测水位变化而变化，可清楚地了解水位计观测水位的状态。地图上不同的地区涂着不同的颜色，与危机管理型水位计状态颜色同步，因此，可以很容易地知道什么地区的水位高及其危险度。

（2）放大缩微图。全国各地都可自由放大、缩小，水位观测所的图标可以按照地图的放大比例显示。

（3）水位曲线图画面。点击地图上的水位计观测站的图标，显示水位曲线图。左右滚动，可以浏览过去的水位。

（4）河流截面图。点击河流截面图图标，显示河流截面图。左右滚动，显示整个河流截面。左右滑动可出现显示时间变化的滑动条，截面图上显示的水位图会根据时间的观测值变化，因此，可以在图上很容易地知道水位的变化。

（5）观测值一览。点击观测值一览图标，显示过去的观测值数据，上下滚动，显示过去的观测值数据。不同的水位状态用不同的颜色表示。

（6）点击地图上的图像监测站，通过图像站拍摄的照片了解河流当前状态。

（7）用手机也可以浏览与电脑上相同的内容。特别是基于智能手机 GPS 定位功能，可立即定位至所处位置的河流水位。

知识链接 2

河流创新技术项目[1]

从 2017 年开始，国土交通省水管理·国土保护局为了解决河流防洪管理中的技术和管理问题，推动企业高精尖技术成果转化，实施了开放式河流创新技术项目。至今已组织开发应用了五款新设备，还有一款设备正在研发中。

河流创新技术项目采用了官企学结合、面向所有企业开放的组织形式。首先由国土交通省水管理·国土保护局（官）组织科研院所（学）制定产品研发的需求和技术规格，向社会各企业发出招募书，有兴趣的企业报名参加研发，组建研发团队，产品研发完成后，国土交通省水管理·国土保护局组织测评，并发布测评结果。研发的产品除国土交通省水管理·国土保护局直接采购外，还向都道府县水行政主管部门推荐。如危机管理型水位计由国土交通省水管理·国土保护局购置 3800 台，但都道府县水行政主管部门购置多达 5000 台。河流创新技术项目组织研发的设备如下：

（1）危机管理型水位计。产品特点：①免维护，无外部供电情况下运转 5 年以上；②小型化，易于安装；③建设费用低、运维费用也低。共有 12 家企业报名参加研发，6 家企业的产品通过了测评。

（2）寒冷地区适用的危机管理型水位计。永久安装的设备正常运行温度范围为 −30 ～ 50℃，拆卸式的设备正常运行温度范围为 −10 ～ 50℃。共有 13 家企业报名参加研发，6 家企业全部通过了三轮测评。

（3）全天候无人机。全天候无人机用于台风等情况下的灾情侦查和避险设施检查，技术规格是能够在 20m/s 的风速下正常飞行，通过 IMU/GNSS 实现自动自行导航。仅有 FULLTEC 公司的 INSPECTOR 型无人机顺利通过测评（图 4.9）。

（4）陆地水下测绘无人机。采用无人机搭载激光雷达（绿色激光）的组合，能够准确测绘植被下的地形及水下地形，在 30 ～ 50m 高度处进行激光测绘，测距精度在 10 ～ 20mm 以内，而且可以自主

图4.9 FULLTEC公司的INSPECTOR型无人机

---

[1] 革新的河川技術プロジェクト [EB/OL]. http://www.mlit.go.jp/river/gijutsu/inovative_project/index.html。

航行，一旦设定了路线，就可以反复测量。最后有两家企业的三款产品通过测评（图4.10）。

（a）SPIDER-LX8

（b）SPIDER-UD8

图4.10　通过测评的陆地水下测绘无人机（两款型号）

（5）简易图像视频监测站。该设备是采集河流静止图像及视频的小型照相机系统，用于河流洪水的监视。设备正常使用寿命在5年以上，温度范围为 −10～40℃，高画质（1280×720像素以上），可广角摄影，采用高密度电池，在无日照等状态下可以传送7天（约2000次传送）的静止图像。19家企业报名参加研发和测评。简易河流图像视频监测站得到了快速推广应用，日本计划在2020年底前安装配置1600台。典型简易图像视频监测站外观见图4.11。

（a）CTS公司产品

（b）eTRUST公司产品

图4.11　简易图像视频监测站外观

（6）基于图像识别的流量监测站。采用图像识别技术，可以识别洪水表面流速（图4.12），进而推求洪水流量，达到与常规流量观测设备相同的精度，而且可以大幅度节省人力（图4.12）。该款产品计划在2020年3月完成现场测评。

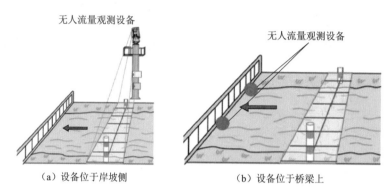

（a）设备位于岸坡侧　　　　　　　（b）设备位于桥梁上

图4.12　两种表面流速识别的方式

4.2　中小河流洪水预报技术

4.2.1　预报预警流程

中小河流洪水预报将国土交通省实际监测雨量和气象厅短临预报雨量作为输入条件，在国土地理院提供的高分辨率地形和土地利用图基础上，通过集总式或分布式水文模型进行水文分析和预报，得到河流断面的预报流量，再转化为水位，与预设的水位预警指标进行比较，当超过预警指标时即向想定的浸水区域发布预警。具体流程图如图4.13所示。

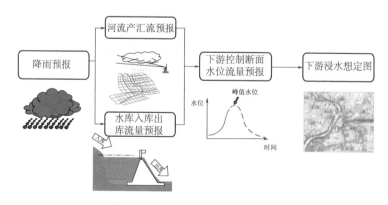

图4.13　洪水预报、风险评估流程图

　　河流洪水预报从"统一河流信息数据库"获得实时监测雨量及预报雨量。国土交通省和气象厅观测分析的数据在"统一河流信息数据库"中存档。图4.14给出了预报中心的雨量数据的传输和转换过程图。首先,预报中心需要建立与"统一河流信息数据库"的Socket通信的专线,并和NFS服务器取得数据。由于雷达雨量的大部分数据都是作为二进制数据进行压缩的,因此将其作为中间文件转换为文本文件,然后转换为每个水文模型所需要的雨量数据格式。

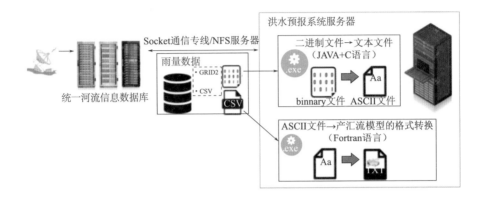

图4.14　预报中心的雨量数据的传输和转换过程图

4.2.2　水文模型

　　日本中小河流洪水预报采用集总式或分布式水文模型进行产汇流分析计算。集总式水文模型多采用推理公式法,分布式水文模型多采用土木研究所水箱模型、京都大学运动波(kinematic wave, KW)模型等,其中以土木研究所水箱模型应用最为广泛,几乎每条河流都建立了自己的水箱模型。

　　土木研究所水箱模型首先将流域划分为大小相等的网格,在每个网格通过垂直方向上具有2～3层的水箱模型和河道模型模拟产汇流过程(图4.15)。在表层、不饱和层、饱和中间层采用水箱模拟产流过程,在河道采用一维动力波方法模拟河道演进过程。表层模型由表示土地利用特征(如森林、田地、城市不透水表面等)的水箱模型构成,不饱和层模型和地下水层模型由反映土壤质地渗透度特征的水箱模型构成。各层的水沿着网格边界线流入河道,在河道内流量由运动法计算。该模型可以反映土地利用、土壤质地的局部水文学特性 ❶❷。

──────────

❶　徐宗学,等. 水文模型[M]. 北京:科学出版社,2009。

❷　中小河川の水害リスク情報作成手法の比較[EB/OL]. http://www.mlit.go.jp/river/shinngikai_blog/tyusyokasen/pdf/5_kaisekisyuhohikaku.pdf。

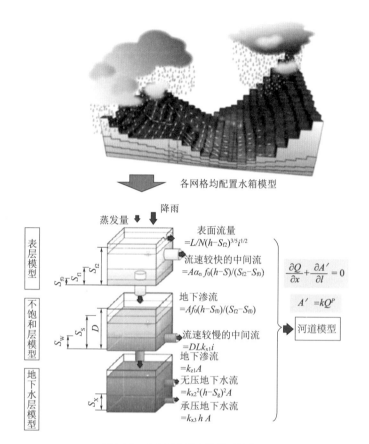

图4.15　土木研究所水箱模型示意图

S_{f2}—表层流的发生高度；S_{f1}—流速较快的中间流发生高度；S_{f0}—地下渗透的发生高度；

D—中间层高度；S_s—饱和状态蓄水高度；S_w—最小水分量的蓄水高度；

S_x—无压地下水流发生高度；N—等效粗糙度系数；Q—河道流量；L—网格长度；

A'—流水横截面积；i—斜面比降；k, p—常数；A—网格面积；f_0—最终渗透能力；

k_{x1}、k_{z1}—不饱和层渗透系数；k_{x2}、k_{x3}—地下水层渗透系数

4.2.3 预报产品

河流预报预警成果分为文字和图形两类，文字为报告单，图形为预报断面图和河流状态平面图。

1. 报告单

报告单一般不超过两页，可由洪水预报软件自动生成并发布，由以下 9 个部分组成：

（1）报告单流转记录，标识报告单最初发起人和第二、第三、第四接收人。

（2）预报单标题，有四类标题。在标题右侧以小字体表示报告单发布人和

发布时间的信息。

（3）预报的河流洪水状态。用醒目的一句话表示，如"避险判断水位已到达，预计水位继续上升"。

（4）正文。详细说明河流水位基准地点预报水位情况（水位到达时间）、涉及的城镇（根据洪水风险图确定）、民众对应的行动等。

（5）雨量。说明河流所在流域前期（一般为 1 ~ 3d）面雨量，预报的未来 1 ~ 3h 流域面雨量。

（6）水位。说明基准对点水位观测所当前水位和预报水位，用表格的形式表示，见表4.3。

表4.3 基准地点水位观测站预报水位

观测站名	水位/m		水位危险度				
			无级别	一级	二级	三级	四级
			水防团待命	泛滥注意	避险判断		泛滥危险
×××水位观测站（××县×市）	××日0时00分实况	×××.×↑					
	××日1时00分预测	×××.×					
	××日2时00分预测	×××.×					
	××日3时00分预测	×××.×					
×××水位观测站（××县×市）	××日0时00分实况	×××.×↑					
	××日1时00分预测	×××.×					
	××日2时00分预测	×××.×					
	××日3时00分预测	×××.×					

（7）参考资料。用表格说明基准地点水位观测所的泛滥注意水位、避险判断水位、泛滥危险水位的数值、对应的洪水预报区间、涉及的城镇（根据洪水风险图确定）。

（8）对应的响应和行动。告知泛滥注意水位、避险判断水位、泛滥危险水位及预警等级所对应的响应和正确行动。

（9）详细资料获取网址。告知民众获取详细的雨量、水位预报成果的网址（含通过移动设备浏览的网址）。

2. 图形化预报产品

除了文字预报产品外，在"川的防灾情报"、日文雅虎等网站上均可以查到任一洪水预报河段的图形化预报产品。值得一提的是，国土交通省正在实施洪水预报河流线性危险度可视化项目,如图 4.16 所示,通过改进河段危险度状态的显示方式,使受众更加具有迫切感,增加自主避险率 ❶。

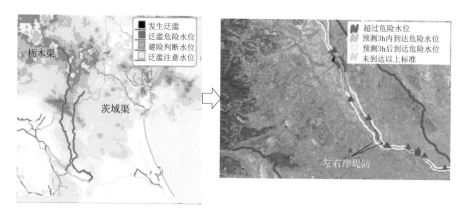

（a）目前洪水预报危险度的表示方法   （b）改进后的表现方法

图4.16   图形化预报产品的升级

4.3 流域雨量指数预警方法

流域雨量指数（JMA runoff index）最初由日本气象厅田中信行、太田琢磨、牧原康隆等人提出 ❷,是气象厅为了发布洪水警报、注意报而提出的一个指标。它是根据降雨指示洪水灾害的危险性指标。它根据日本 20000 多条小河流的流路信息、流域信息、地质和地形信息、土地利用信息,建立降雨与地表径流的对应关系,指示洪水灾害的危险性（图 4.17）。

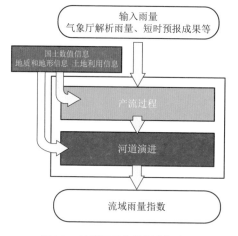

图4.17   流域雨量指数的计算过程

与流域雨量指数对应的还有土壤雨量指数、表面雨量指数,分别用于土砂灾害预警、内涝预警,有兴趣的读者可参考相关文献 ❸,本书仅对流域雨量指数

❶   水害・土砂災害に関する防災情報 [EB/OL]. https://www.mlit.go.jp/river/shinngikai_blog/hazard_risk/dai01kai/dai01kai_siryou3-2.pdf。

❷   田中信行,太田琢磨,牧原康隆.流域雨量指数による洪水警報・注意報の改善 [J].測候時報,2008,75(2):35-69。

❸   太田琢磨,牧原康隆.大雨警報における浸水雨量指数の適用可能性-タンクモデルを用いた内水浸水危険度指標 [J].気象庁研究時報,2015,65:1-23。

做详细介绍。

计算流域雨量指数时，输入了气象厅解析雨量和短时预报成果。将计算得到的雨量指数和事先确定的阈值对比，超出阈值基准时，即发布洪水危险度预警。可以用流域雨量指数法对全日本任一条河流（含大量无水文观测的河流）的任意地点进行洪水危险度预报，与国土交通省的洪水预报（针对主要河流）一起，形成了覆盖日本全国的河流预报预警体系。

4.3.1 利用的数据

计算流域雨量指数时，采用了降雨量数据及流域的地理、地质等数据。

1. 降雨量数据

在流域雨量指数的计算中，将约 1km 网格单位的解析雨量与短时临近降雨预报（未来 1h 内每 10min1 数据，未来 1 ~ 6h 每小时 1 数据）作为输入。

2. 地理数据

根据国土地理院的国土数值信息，采用基于 DEM 网格的 D8 流向算法，确定以 1km 网格为单元的流域、河道、节点空间拓扑关系。同时，根据高分辨率土地利用图,确定城市化率。

4.3.2 计算模型

流域雨量指数计算网格为 $1km^2$,使用"非城市水文模型"与"城市水文模型"两种水箱模拟每条河流的产流过程，之后采用运动方程式计算河流的演进过程，得到的流域出口处流量的平方根即为流域雨量指数（图 4.18）。

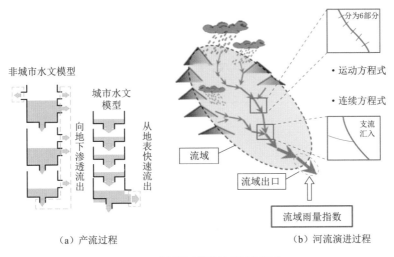

（a）产流过程   （b）河流演进过程

图4.18 流域雨量指数法采用的模型

1. 降雨的初期损失

在降雨的初期阶段，发生了填洼、植物沾附等地表截留现象。在流域雨量指数中，用高 8mm、渗透率为 0.02 的水箱模型计算降雨初期损失，评价地表截留和入渗导致的降雨初期损失量。

2. 非城市水文模型

在非城市水文模型中，使用三级水箱模型（图 4.19），R、F、L 分别表示产流率、渗透率、底面到孔的高度，每个水箱的参数根据地层的透水性程度确定。

产流量 q 等于水箱所有流出孔 R1、R2、R3、R4，以及孔 F3 流出的量的总和。这里，产流量表示单位面积的流量。它的单位与降雨量相同，为 mm/h，将其乘以面积，改变时间量纲后，变成与流量相同的单位（m^3/s）。

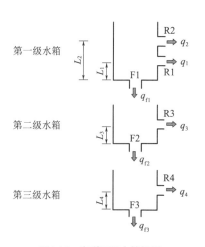

图4.19　串联三级水箱模型

对于第一级水箱，与河流的径流量直接相关的是 R_1 和 R_2。从孔 R1 流出的量 q_1，在第一级水箱蓄水深为 h_1 时，可以表示如下：

$$q_1 = R_1(h_1 - L_1) + R_2(h_1 - L_2) \quad （4.3）$$

式中：R_1 为水面离第一水箱底面的高度为 h_1 时，水在单位时间内从孔 R1 中以一定的比例产流，称为"每小时水箱产流率"。

然后，从第一级水箱的底部通过孔 F1，渗透到第二级水箱的量 q_{f1}，表示如下：

$$q_{f1} = F_1 h_1 \quad （4.4）$$

式中：F_1 为通过孔 F1 的渗透率。

同样这种关系适用于其余的水箱。因此，产流量 q 可以表示如下：

$$q = q_1 + q_2 + q_3 + q_4 + q_{f3} \quad （4.5）$$

各个水槽都有产流与下渗，因降雨及上一级水箱的渗透，水箱中的水的高度 h_i 增加。其时间变化的关系如下：

$$r_i(t) - q_i(t) - q_{fi}(t) = dh_i / dt \quad （4.6）$$

式中：r_i、q_i、q_{fi}、h_i 分别为到第 i 水箱中的降雨量或者来自上一级水箱的渗透量、第 i 水箱的产流量、第 i 水箱到下部水箱的渗透量、水箱中的水的高度。

由式（4.3）~式（4.6）可知，距离水箱底面的高度 L 越大，流出量相对于降水量的比例越小，下一级水箱的渗透率 F 越大，产流时间越长。

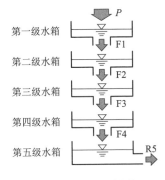

图4.20　五级串联水箱

3. 城市水文模型

在城市地区，一般来说，地表因覆盖了大量人工建筑物，因此地表比自然土地状态渗透少。因表面出流占主体，所以，采用城市适用的水文模型，即只在最下级的水箱有一个流出孔的串联五级水箱模型（图4.20）。4级水箱的渗透率 F_1 ~ F_4 和第五级水箱的产流率 R_5 全部设定为相同的值，根据地形比降确定见（4.7）~式（4.8）。

当比降 $I < 1‰$ 时：

$$R_5 = 0.6910\ln I + 8.1234 \tag{4.7}$$

当比降 $I \geqslant 1‰$ 时：

$$R_5 = 0.9879\ln I + 8.1234 \tag{4.8}$$

从城市的产流实际状态来看，即使是完全城市化的地区，也存在绿地，因此完全使用城市水文模型是不适宜的。所以，在流域雨量指数计算过程中，需同时使用城市水文模型与非城市用水文模型，将地表的人工建筑物的占比作为城市化率［（建筑用地＋干线交通用地／（全部面积－水域面积）］，根据该城市化率，通过各自的模型得出相应的径流量，最终得到总的径流量。

4. 演进模型

洪水在河道中的流速可以用曼宁公式求出。按照曼宁公式，水的流速如下：

$$v = \frac{1}{n} R^{2/3} I^{1/2} \tag{4.9}$$

式中：v 为流速，m/s；R 为径流深，m；I 为比降；n 为曼宁糙率。

假设河道的宽度（呈倒三角形的形状）与深度成比例，即河道内的流速可以用下式表示：

$$v = \left(\frac{Q}{m}\right)^{1/4} \left(\frac{1}{n} I^{1/2}\right)^{3/4} \tag{4.10}$$

如果事先设置比降 I、边坡系数 m、糙率 n，可以通过流量 Q 求出河道内的流速。

用连续方程式表示河流河道内总水量的变化，用式（4.11）表示：

$$\frac{d\int A dx}{dt} = \int (r - i) ds + Q_{in} - Q_{out} = q(r) + Q_{in} - Q_{out} \qquad (4.11)$$

式中：r 为降雨强度；i 为渗透量；$q(r)$ 为水箱模型的流出量；Q_{in} 为来自上游侧的流入量；Q_{out} 为到下游侧的流出量；$\int dx$ 为相对于河长的线积分；$\int ds$ 为相对于流域的面积分。

式（4.11）的左边表示单位河长内的水量的变化；右边表示因单位时间的产流，以及单位河长中的流量及降雨导致单位时间增加的水量。$q(r)$ 在 1km 网格内的河道的最下游取值。如有支流汇入或分流，再进行流量的增加、重分配。计算时，为了精细再现水的动态演进过程，把 1 个网格内的河道分割成 6 个区域进行计算。

如前所述，流域雨量指数通过产汇流模型和演进模型计算得出，与河流水位具有高度相关关系，能够反映其上升、下降的变化趋势。通过多场实际灾害应用，发现流域雨量指数与水位上升、下降的变化趋势非常相似，有的流域二者的相关系数甚至达到了 99% 以上。

4.3.3 发布基准

1.灾害形态和预警指标选用

根据大量灾害实例，因降雨引发的洪水灾害可分为以下三种形态。

河流的水位异常升高，洪水从堤防或护岸顶部溢出，这种现象称为"外洪泛滥"。

在有堤防保护的居民地，降雨等形成大量的积水（即内涝），由于排水不良等原因，造成房屋住宅等浸水的现象，称为"内涝泛滥"。内涝泛滥根据产生原因，又分为两类。由于河流水位变高，河流周边地区的内水无法排水产生的现象叫"内涝外洪复合"；由于短时强降雨等，排水能力跟不上，涝水积在洼地、低地等处，这种现象叫"泛滥型内涝"（或称"内涝"）。由于这三种水灾的发生形态各异，要准确预测这些水灾，需要针对它们进行预测。

气象厅针对河流洪水造成的水灾发布洪水警报、注意报；由大雨而不是由河流洪水造成的水灾，发布大雨警报、注意报。如果要把警报类型与前述三种洪水灾害形态对应的话，"外洪泛滥"要发布洪水警报、注意报；"泛滥型内涝"要发布大雨警报、注意报；"内涝外洪复合"的主要原因是干流水位变高，因此要发布洪水警报、注意报。

根据以上洪水灾害的形态，气象厅把洪水灾害的预警类型和预警指标分为三种：①流出型，由河流水位上升造成的灾害（外洪泛滥），采用流域雨量指数预警；②降雨型，由对象地区短时强降雨造成的灾害（主要是泛滥型内涝及小沟道的外洪泛滥），采用短时降雨强度预警；③流出＋降雨型，河流的水位很高的情况下，叠加短时强降雨造成的灾害（主要是外洪内涝复合），其预警指标是流域雨量指数与短时降雨强度（2014年改为表面雨量指数）的组合（图4.21）。

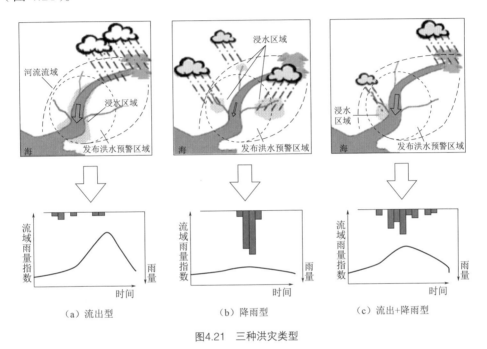

（a）流出型　　　　　　　（b）降雨型　　　　　　（c）流出＋降雨型

图4.21　三种洪灾类型

在2008年5月以后，气象厅根据三种洪水灾害形态求出了洪水灾害的基准值。然后，预计超过三种中的任一基准时，发布洪水警报、注意报，预计超过短时降雨强度基准时，同时发布大雨警报、注意报。

2. 预警标准确定方法

气象厅收集了1991—2015年各市町村的水灾资料（事例日期、受灾规模），统计分析其关系，算出标准值。在横轴为流域雨量指数、纵轴为短时降雨强度（2014年改为表面雨量指数）的二维曲线图上，绘制受灾例、无灾例的散点图，进而得出标准值（图4.22）。

对于调查期间没有发生灾害的

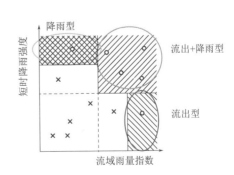

图4.22　基于灾害实例散点图求预警标准
○—受灾事例；×—无灾事例

河流，采用 30 年一遇的流域雨量指数作为预警标准。通过调查和频率计算的方法，日本气象厅为除了洪水预报河流之外的河流都设置了流域量指数标准。对于洪水预报河流，通过洪水预报发布预警，故不再采用流域雨量指数法。对于发生过内涝外洪复合型灾害的河流，气象厅设置复合标准，但如果调查期间没有发生过灾害，则不设置。

具体设定时，在每条河流和每个市町村选取一个"代表网格"，代表网格或者是灾害统计调查的网格，或者是市中心和水灾多发地区。根据灾害统计资料和频率分析结果，设定代表性的"基准值（基准Ⅰ、Ⅱ、Ⅲ）"。根据代表网格的基准值，设定同一市町村内同一河流的其他网格的基准值❶。

各网格的基准值 = 各网格 30 年一遇流域雨量指数值 ×（代表网格基准值 / 各网格 30 年一遇流域雨量指数值），如图 4.23 所示。

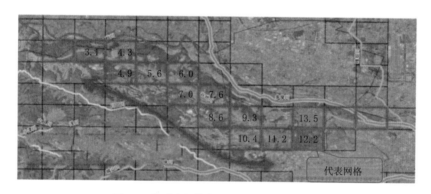

图4.23　河流各网格流域雨量指数设定的示例

4.4　洪水分析软件和方法

近年来，日本各级科研机构开发了多个洪水分析软件平台，其中有代表性的为国土交通省通用模型平台 CommonMP、土木研究所 RRI、北海道大学 iRIC 等。

4.4.1　通用模型平台 CommonMP

为了解决各种水文、水力学分析软件模型和数据格式不通用、不透明、模型精度难以比较的问题，2007 年起，日本的国土交通省水管理·国土保全局、国土交通省下水道部、国土交通省国土技术政策研究所、土木学会、建设咨

---

❶　土壤雨量指数・表面雨量指数・流域雨量指数の概要と基準の設定方法について [EB/OL]. https://www.jma.go.jp/jma/kishou/minkan/koushu180228/shiryou1.pdf.

询协会及给排水咨询协会决定联合开发一款水文、水力学、水循环分析平台
CommonMP（Common Modeling Platform for Water-material Circulation Analysis），
于 2009 年平台正式发布 ❶，至 2020 年已有 2000 余个用户，覆盖了日本大多数水
利管理部门，是日本洪水预报、水质分析等使用最为普遍的软件。CommonMP
平台具有开放性，用户可以自行开发并装入模型，能够同时使多个分析引擎（模
型）连续、一体地分析各种水力、水文水循环的复合现象，CommonMP 的概念
如图 4.24 所示。

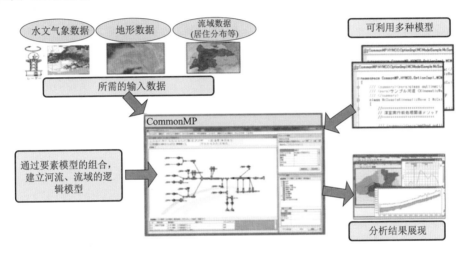

图4.24　CommonMP概念图

CommonMP 平台具有以下特点：

（1）开放性。CommonMP 相当于一个水文、水力学分析计算的平台，除自
身提供多种水文水力学模型（模块）之外，用户还可以定制或二次开发模型并
将其装入平台。鉴于水文水力学模型多采用 Fortran 语言开发，CommonMP 采用
C# 语言开发，平台提供了二次开发工具，将 Fortran 语言开发的水文水力学模
型编译成 DLL 文件，再由平台读取操作。截至 2018 年，CommonMP 共内置 25
个水文水力学模型（模块）和小工具，方便用户选取适合本地的模型并进行不
同模型的计算结果对比。

（2）对象化。CommonMP 采用了对象化的设计模式，将每一个流域、河道、
水库、闸坝、监测站点等均看作一个对象，用户只需要设计对象直接的组合方
式和数据流程，就可以方便地实施流域水文、水力现象的模拟，如图 4.25 所示。
对象化还有一个优点，适合水库调度、河道整治等的效益分析。

---

❶　参见 http://framework.nilim.go.jp/。

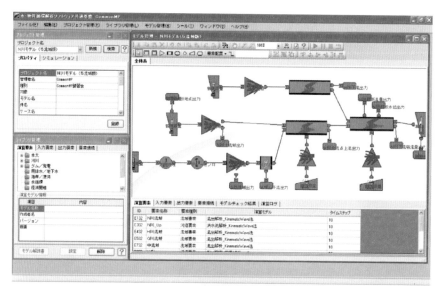

图4.25　以对象的形式表达河流逻辑

（3）易用性。CommonMP 可自动连接"统一河流信息数据库"，获取日本全国各地的实时和预报雨量信息、实时水位和流量信息，提供与国土地理院地形、地质数据的下载接口，内置国土交通省所辖河流横纵断面数据、地质调查数据等（图 4.26）。此外，基于平台的数据共享机制，位于不同地点的水利部门、专家可以在平台上协作完成洪水分析。

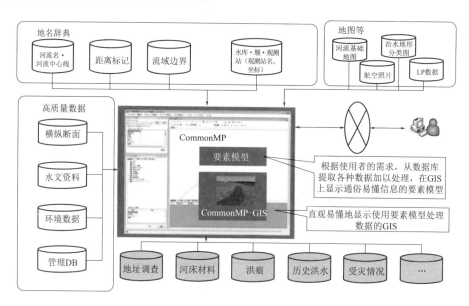

图4.26　平台可方便获取洪水分析所需的基础数据

4.4.2　土木研究所RRI

2014 年，土木研究所发布了新款的降雨 – 径流 – 泛滥一体化分析软件 RRI（Rainfall-Runoff-Inundation），它可以快速预测低洼地带的淹没洪水，能够模拟降雨产流汇流过程、河道演进过程和洪水泛滥淹没过程 ❶。RRI 模型概念如图 4.27 所示。

RRI 不再区分山地和平原区，将整个流域划分成网格单元，实现了洪水产汇流到洪水泛滥的流域一体化分析，输入信息为降雨分布、地形、土地利用等相关数据，通过二维扩散波方程模拟坡面产汇流过程，通过一维扩散波方程模拟河道演进。输出信息除了河道流量和水位外，还可以输出任意泛滥地区的水深等成果 ❷。

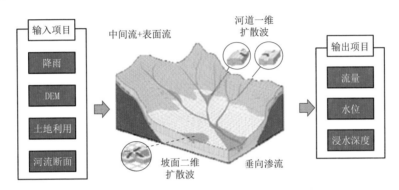

图4.27　RRI模型概念图

RRI 模型的特点如下：

（1）一体化。通过将降雨产汇流、河道演进、洪泛区淹没分析一体化，准确模拟包括洪泛区在内的大范围洪水淹没现象（图 4.28）

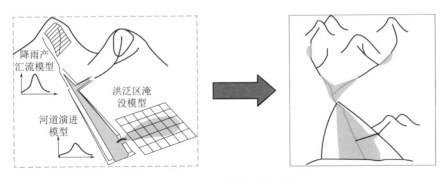

图4.28　RRI模型采用一体化求解

❶　降雨流出氾濫（RRI）モデル，土研新技術ショーケース 2016 in 東京 [EB/OL]. https://www.pwri.go.jp/jpn/results/2016/tokyosc/pdf/SC2016_tokyo09.pdf。

❷　栗林大原，佐山近者，澤野 . 洪水カルテ」による地区ごとの洪水脆弱性評価および対応案の検討手法の提案 [C]// 土木学会論文集 F6（安全問題）. 2017, 73（1）：24-42。

（2）高速且稳定的数值算法。采用二维扩散波近似式可变时间步长算法，即使在地形复杂的山区也能高速计算。

（3）复杂的水文过程的精确刻画。能够模拟平原部分的垂向渗流、山区蒸散发等对洪水过程的影响。

（4）实现快速建模。具有完备的基于 GUI（图形用户界面）的建模工具箱，能够利用卫星降雨和地形信息等快速建模。

4.4.3　北海道大学 iRIC

国际河流接口联合会（International River Interface Cooperative, iRIC）于 2007 年由北海道大学的清水康行教授和 Jon Nelson 博士（美国地质调查局）倡导成立，是开发水利数值模拟平台（iRIC 软件）、传播与之相关的信息并举办研讨会的组织。iRIC 软件具备了河流和海洋水文、水力计算的预处理及后处理功能。

iRIC 软件具有图形应用界面和若干数值技术模块（图 4.29）。通过图形应用界面，用户可以建模和显示计算结果。iRIC 软件内置的数值计算模块和用途见表 4.4。

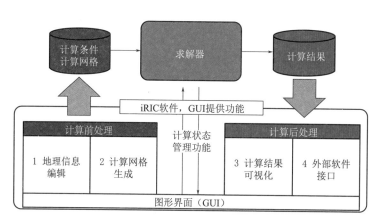

图4.29　IRIC软件功能图

表4.4　iRIC软件内置的数值计算模块和用途

模块名称	维度	用　　途
CERI1D	一维	河道洪水演进、海啸上溯
Nays1D	一维	河道洪水演进、河床变动
FaSTMECH	二维	河道洪水演进、河床变动
Nays2DH	二维	河道洪水演进、河床变动、河岸侵蚀

续表

模块名称	维度	用　　途
Mflow	二维	河道洪水演进、洪水淹没泛滥
NaysCUBE	三维	河道洪水演进、河床变动
NaysEddy	三维	河道洪水演进
SRM	—	产流汇流
EvaTRiP	—	鱼类栖息地评价

 知识链接 3

中小河流洪水推理公式法和RRI模型预测预报案例[1]

2018 年 4 月，土木研究所水灾害研究室发布了《中山间地河川的洪水预测方法的开发》报告，以 2016 年 8 月在岩手县小本川流域发生的洪水灾害为对象（本书 2.1 节介绍了此案例），将降雨短时间预报数据作为输入条件，采用推理公式法和 RRI 模型，进行了小本川 2016 年 8 月洪水的模拟再现。

1. 洪水分析流程

小本川洪水模拟把实际监测雨量和短临预报雨量作为输入条件，在高分辨率地形和土地利用图基础上，通过集总式或分布式水文模型进行水文分析，得到河流断面的预报流量，再转化为水位，具体流程如图 4.30 所示。

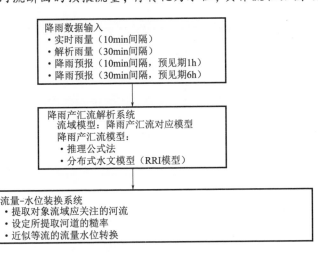

图4.30　洪水分析流程图

---

[1]　土木研究所资料第4376号 中山間地河川における洪水予測手法の開発 [EB/OL]. www.icharm.pwri. go. jp/publication/pdf/2018/4376. pdf。

2. 基于推理公式的分析方法

一般中小河流水文资料欠缺。而用参数易于获得、计算速度快的推理公式进行中小河流的水文预报是有效方法之一。由于推理公式假定了流域的降雨在空间上的一致性，因而不适用于降雨在空间上变化非常大的情况。为此，通过适当划分子流域，分别计算子流域出口的洪水流量，就可以综合得出大流域出口的流量。但是，在进行流量组合时，要考虑到各子流域洪水演进的时间，总的流域出口流量有一定滞后和衰减。图 4.31 给出了小本川流域划分图，共划分了 11 个子流域（①~⑩）。

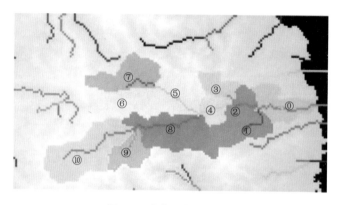

图4.31　小本川流域划分图

求出各分割流域的流量后，考虑到河道洪水波的演进时间，将其相加。每个子流域，通过表 4.5 确定洪水演进速度，将河道长除以流速，即可求出演进所需的时间。

表4.5　　　　　　　　　　洪水波的演进速度

平均河道比降	洪水演进速度/（m/s）
1/100以上	3.5
1/200 ~ 1/100	3.0
1/200以下	2.1

采用推理公式分析小本川 2016 年 8 月洪水，结果如图 4.31 和图 4.33 所示。图 4.32 中的楼房是一所老人福利院，在洪水中有 9 名老人死亡。根据此结果，在 11：00 就预测 16：50（5h 50min 后）水位达到了地面高度。实际上，停车场在 17：30 左右开始过水。本分析结果证明了推理公式对于洪水预警的有效性。

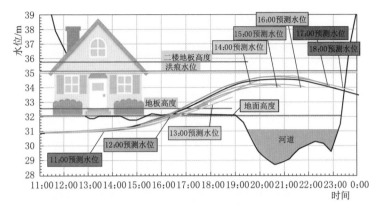

图4.32　老人福利院洪水预测结果

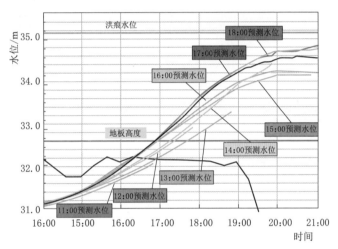

图4.33　放大图

3. 基于 RRI 模型的分析方法

RRI 模型是一种以降雨为输入条件，能够进行产流、汇流、演进一体化分析的模型。模型利用 DEM 数据表现表层地形，将产汇流也作为平面二维流进行分析。因此，它可以用网格来表现降雨径流特性，也可以考虑降雨时空分布的影响。

由于 RRI 模型是以实时泛滥预测模拟为主要着眼点而开发的，采用了适应时间步进式伦盖克塔法和 OpenMP 的并行计算，以减少计算负荷。表 4.6 中，以小本川（岩手县岩泉町）和花月川（大分县日田市）为例，表示当前空间分辨率和预见期 6h 的预测模拟所需的最大计算时间。另外，这个时间虽然不包含实况雷达雨量和预测雨量的数据提取转换时间，但是从 1min 左右的时间来看是足够的。

表4.6　　　　　　　　空间分辨率和预测模拟时间

对象河流	流域面积/km²	空间分辨率	网格数	最大计算时间 （预见期6h）	备注
小本川	731	4s（≈100m）	61985	65s	地理坐标系
花月川	136.1	2s（≈50m）	39489	44s	地理坐标系

注　PC推荐配置:Intel Core i7 CPU 3.10GHz（最大3.4GHz），Memory 16GB。

图 4.34 显示了采用 RRI 模型的计算结果。根据该图，在 12:00 的预测中,16:50 左右水位超过地基高度,17:15 左右水位超过房屋地板。实际上，有报告称，在 17:30 左右，福利院的停车场开始浸水，18:00 左右，房屋的地板高度也开始浸水。

如果把超过地基高度的水位作为灾害发生的危险水位，把超过房屋地板高度的水位作为严重灾害发生的危险水位，那么灾害发生及严重灾害发生的提前期分别为 4 小时 50 分和 5 小时 15 分，本分析得到了实现洪水预测目的的结果。随着实际洪水高峰的临近，预测水位的精度会提高，但是提前期会相应缩短，例如，预测 14:00 和 15:00 水位时灾害发生的提前期分别为 3 小时和 2 小时 10 分钟。

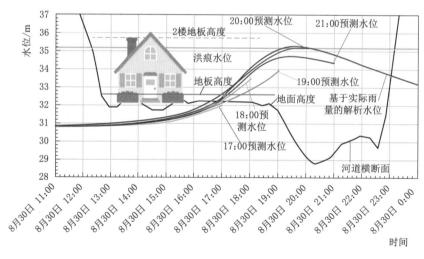

图4.34　RRI模型预测结果

4.5　本章小结

（1）日本于 2010 年起开始采用 X 波段 MP 雷达监测降雨，至 2015 年基本完成了由 39 台 X 波段 MP 雷达的组网，现行的雨量监测网格为 250m，监测周期为 1min，发送延迟 1 ~ 2min。

（2）2016 年以来，日本着力开发部署低成本水位计（称为"危机管理型水位计"），其目的是直接将水位监测信息传达给周边居民，提高其主动防灾避险的意识。危机管理型水位计运用最新的 Iot 技术，具有长期免维护、小型化、易安装、初始成本低、运维成本低的特点。

（3）中小河流洪水预报，以国土交通省实际监测雨量和气象厅短临预报雨量为输入条件，在国土地理院提供的高分辨率地形和土地利用图基础上，通过集中式或分布式水文模型进行水文分析和预报，得到河流断面的预报流量，再转化为水位，与预设的水位预警指标进行比较，当超过预警指标时即向浸水想定区域发布预警。日本已形成一整套成熟的中小河流洪水预报流程和业务体系。

（4）流域雨量指数是气象厅根据降雨，指示洪水灾害的危险性的指标，适用于小河流的洪水预警。实际上，流域雨量指数相当于出口流量的平方根。流域雨量指数网格划分大小为 $1km^2$，采用水箱模型，分城市和非城市两种土地利用，计算降雨与地表径流的对应关系。

（5）近年来，日本各级科研机构开发了多个洪水分析软件平台，其中有代表性的国土交通省通用模型平台 CommonMP、土木研究所 RRI、北海道大学 iRIC 等。CommonMP 平台具有开放性，用户可以自行开发并装入模型，能够同时使多个分析引擎（模型）连续、一体地分析各种水力、水文水循环的复合现象。

第5章

水库洪水调度和预警技术

　　根据 2007 年的统计数据，日本已建设坝高在 15m 以上的水库共有 2728 座，总库容约 222 亿 m^3。在近年来防洪调度实践中，日本发展了一套明显区别于我国的水库预泄操作、异常洪水时防灾操作、特殊防灾调度（洪峰后下游河道出现洪灾时的调度）技术，并且提出了对水库泄洪下游影响区调查评价的理论和方法，对所有水库均建设了泄洪预警系统。

5.1　水库调度技术

　　2015 年 8 月，国土交通省社会资本整备审议会汇总的《水灾区域气候变化适应措施报告》中提出了水库调度的方针：应尽可能利用水库调洪滞洪的潜力，消减洪峰流量或者推迟洪峰，以减轻下游损失，为下游人员转移争取更多的时间。另外，根据需要综合考虑水库群的联合调度，发挥 1+1>2 的效果。同时，在 2015 年 12 月的《关于大规模洪涝灾害防治对策的报告中，也提出要全面系统地推进"危机管理软硬件操作》。国土交通省国土政策技术综合研究所根据现有气象预报技术的发展情况，提出了一套充分发挥水库潜力的调度技术，包含：①在洪水前尽可能多地增大调洪库容的预泄操作技术；②最大限度运用水库库容，减轻对下游灾害损失的调洪操作技术，又可以分为"异常洪水时防灾操作"和"特殊防灾调度"两种技术。

　　（1）预泄操作技术：预报发生洪水时，事先降低库水位，并将兴利库容作为调洪库容的操作。

（2）异常洪水时防灾操作技术：预测发生超标准洪水导致可能用完调洪容量时，需逐渐增加出库流量，达到与入库流量相同的泄洪操作。

（3）特殊防灾调度技术：下游发生洪灾后，综合各种信息，决策采取充分发挥水库蓄水潜力的调度方式，以减轻下游受灾程度的操作。

5.1.1　预泄操作技术

近年，降雨数值预报技术有了长足的进步，使得根据降雨预报进行预泄变得可行，通过将部分兴利库容调整为调洪库容的方式，增大水库应对超标准洪水的能力。但预泄必须在能够恢复至预泄前库容（水位）的范围内进行，以免侵犯有关水库单位的利益。

1. 可恢复水位表

表 5.1 是可恢复水位表的样例。可恢复水位表根据过去洪水的相关实际入库流量、出库流量、降雨量以及当时发布的预测降雨量制定。纵列表示按一定间隔对实际的累积降雨量进行区分后的"累积降雨量等级"，横列表示按一定间隔对预测累积降雨量进行区分后的"预测降雨量等级"，分别表示对应的可恢复水位。使用方法如下：收集调洪开始前任意时间的累积降雨量以及该时间点发布的预测降雨量信息，从表中读取对应的可恢复水位，在达到该水位之前进行预泄。由于采用表的形式，因此使用非常方便，任何人都能以同样的方式进行操作。

2. 数据收集整理

收集用于制定可恢复水位表的以下两类数据。

（1）水库每小时的实际库水位、入库流量、出库流量、流域平均降雨量。

（2）中尺度（meso-scale model，MSM）的预测降雨量或者具有同等精度的预测降雨量。MSM 是日本气象厅数据预报中尺度模型，其空间分辨率为约 5 km，时间分辨率为 1h，预见期为 33h，滚动预报的频率为 1 日 4 次，分别为每日 3：00、9：00、15：00、21：00。

对于汛期达到起调流量（开始进行调洪操作的流量）的洪水，收集整理最大入库流量发生日期和时间、最大入库流量、洪水期间的总降雨量、达到起调流量时的累积降雨量、最大入库流量发生时的累积降雨量、达到起调流量时中尺度 MSM 气象预报降雨量的最大值。由于收集的 MSM 是网格数据，需要提取流域范围每个网格格点的预测降雨量，并利用其平均值计算流域面雨量。

3. 可恢复水位表制作步骤

根据过去的洪水相关实际降雨量、预测降雨量以及入库流量制作可恢复水位表。这里我们以累积降雨量"100mm 以上"为例，介绍可恢复水位表制作步骤。

（1）抽取累积降雨量达到 100mm 以上的历史场次洪水。

（2）针对对象水库，使用步骤（1）抽取的场次洪水入库流量，计算对应场

表5.1　　可恢复水位表的样例

累积降雨量等级/mm	预测降雨量等级/mm													
	无预测	25以下	50以下	75以下	100以下	125以下	150以下	175以下	200以下	225以下	250以下	275以下	300以下	301以上
80以下														
80以上			水位没有下降						高程289m（汛限水位以下3m）		高程288m（汛限水位以下4m）			
100以上			高程291m（汛限水位以下1m）											
125以上		高程289m（汛限水位以下3m）												
150以上								高程287m（汛限水位以下5m）						
175以上														

次洪水的可恢复库容。这里的可恢复库容包括以下两种情形：情形①调洪后可恢复库容 = 涨水期蓄水量（图 5.1），情形②调洪和退水期可恢复库容 = 涨水期蓄水量 + 退水期蓄水量（图 5.2）。

（3）设置预测降雨量相关的等级。在该示例中，每 25mm 为一个等级，从最低等级开始，依次为"没有预测""25mm 以下""50mm 以下""75mm 以下"…"301mm 以上"。

（4）针对步骤（1）抽取的洪水场次，整理之前发布的实际累积降雨量达到 100mm 时，最大预测降雨量。

（5）针对各预测降雨量等级，从发布预测降雨量的洪水中选出超过步骤（4）中预测降雨量等级的最小可恢复量，该最小可恢复量也就是一定预测降雨量等级需要实施预泄的库容，然后从相当于起始水位（如汛限水位）的库容中减去该容量，并转换成水位，该水位也就是可恢复水位。

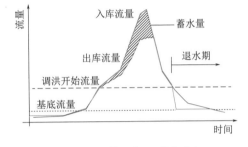

图5.1 情形①调洪后可恢复库容

在其他累积降雨量规模中重复进行上述整理，制定可恢复水位表 ❶（表 5.1）。

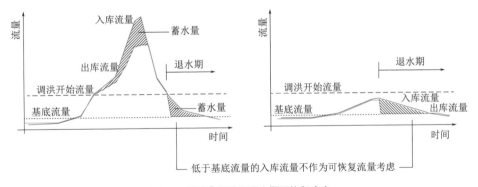

图5.2 情形②调洪和退水期可恢复库容

4. 可恢复库容的两种情形

对上述可恢复水位表提出了情形①调洪后可恢复库容 = 涨水期的蓄水量（图 5.1）以及情形②调洪和退水期可恢复库容 = 涨水期蓄水量 + 退水期蓄水量（图 5.2）的两种情形，而情形①和情形②的预泄实施频次和恢复效果也有差异，两种情形都各有利弊。

---

❶ 详细的制表过程请参考：http://www.nilim.go.jp/lab/bcg/siryou/tnn/tnn1028.htm。

（1）由于情形①退水期的蓄水量没有计入可恢复库容，因此与情形②相比，预泄的实施频次和能够恢复的库容较少。在历史场次洪水中，即使出现了高于预报的降雨量，实施预泄后库水位也可能无法恢复到起始水位的情况，只得通过退水期的蓄水使其恢复到起始水位。另一方面，由于减少了实施预泄的容量，可能会减小异常洪水时防灾操作的效果。

（2）与情形①相比，情形②退水期的可恢复库容增多，预泄实施频次也会增加。由于增加了实施预泄的容量，因此也会增加异常洪水时防灾操作的效果，推迟洪峰出现时间，有利也有弊。另一方面，由于预泄包括退水期的蓄水量，因此当历史场次洪水中出现过高预测，而实际未能达到预报量级的洪水时，即使在实施预泄后的退水期间进行蓄水，其库水位也有可能无法恢复到起始水位。

5.可恢复水位表应用与效果评估

近几年，气象厅中尺度预报精度有了较大提升，已逐渐趋于精确。为了顺利实施预泄，首先要制定针对情形①调洪后可恢复库容的可恢复水位表，并针对历史洪水进行预泄模拟，评估其效果。然后制定情形②调洪和退水期可恢复库容的可恢复水位表。此外，作为通过预泄确保最大限度的目标容量，除了通过降雨分析等检查可靠的恢复容量，还要确认未使用的容量和不特定容量、死水容量以及根据泄洪设施的规格确定的容量限度。

实施预泄时，要考虑下游河道的承受能力、水库兴利（发电、养殖等）、水库最大泄洪能力的要求。此外，预泄的时间也是重要制约因素，泄洪操作所需的准备时间必须根据每个水库的条件（考虑气象预报信息接收和处理的时间、下游预警和巡查的时间、上级水利部门讨论和决策的时间）进行设置，只有当上述准备工作和分析工作都完成后才能进行预泄操作。

6.A水库调度案例

A水库的各种规格参数如下。

（1）形式：重力式混凝土水库。

（2）用途：F（防洪）、W（城乡供水）、P（发电）。

（3）流域面积：80.9km²。

（4）汛期调洪容量：17000000m³。

（5）汛限水位：299.0m。

（6）死水位：276.0m。

（7）泄洪设备：3个常规溢洪道闸门、4个非常溢洪道闸门。

（8）调洪方式：定量泄洪方式。

（9）调洪起调流量：200m³/s。

（10）设计最大出库流量：350m³/s。

（11）汛期：6月16日—10月31日。

根据本章提供的方法，制作两种情形下的可恢复水位表，见表5.2与表5.3。

我们以 A 水库 2011 年 9 月 2 日（台风 12 号）场次洪水为对象进行预泄模拟。

在表 5.2 中，针对情形①，根据累积降雨量的时间序列变化和预测降雨量的更新状况，显示了预泄目标水位的变化情况以及预泄的开始和结束时机。表 5.2 显示 9 月 1 日 18：00 以前不会达到预泄的标准。9 月 1 日 18：00 累积降雨量达到 194mm、预测降雨量达到 443mm/33h。在该时间点，表 5.2 中的累积降雨量等级为"180 ~ 199mm"、预测降雨量等级达到"400 ~ 449mm"，因此在水位达到 290.0m 之前进行预泄。但是，由于接收气象预报时间设定为 4h、向下游发布预警和预泄准备等所需的时间为 6h，因此，实际的预泄时间为 9 月 1 日 18：00 到 10h 后的 9 月 2 日 4：00。

然而，9 月 2 日 6：00 气象预报（假设延迟 4h，在 10：00 收到预报）显示累积降雨量达到 284mm、预测降雨量达到 492mm/33h，查可恢复水位表，累积降雨量等级"≥ 200mm"、预测降雨量等级"450 ~ 499mm"所示水位为 289.7m，以此为目标进行预泄。事实上，9 月 2 日 13：00 入库流量达到起调流量，因此在该时间点预泄结束，水库转为调洪操作阶段。因此，预泄的时间是 9h（9 月 2 日 4：00—13：00）。

此外，9 月 2 日 0：00 累积降雨量达到 242mm、预测降雨量达到 345mm/33h，可恢复水位表的目标水位为 297.0m，水位高于 290.0m。目标水位可能从 290.0m 上升到 297.0m，根据历史经验，库水位肯定会恢复到预泄起始的水位，因此没有必要在中途提高目标水位。因此，不必进行提高目标水位的相关操作。

在表 5.3 中，显示了与表 5.2 相同的时间变化。9 月 1 日 12：00 累积降雨量达到 139mm、预测降雨量达到 278mm，表 5.3 上的可恢复水位表的累积降雨量等级达到"120 ~ 139mm"、预测降雨量等级达到"250 ~ 299mm"，考虑到发送延迟以及巡查准备等所需的时间，应在 9 月 1 日 22：00（在 9 月 1 日 12：00 之后 10h）起，在水位达到 294.3m 之前开始实施预泄。但是，在下一个预测时间即 9 月 1 日 18：00，累积降雨量达到 194mm、预测降雨量达到 443mm/33h，符合可恢复水位表的累积降雨量等级"180 ~ 199mm"、预测降雨量等级"400 ~ 449mm"，目标水位重置为 289.7m。

该信息在 9 月 1 日 22：00 获得，因此实际上以 289.7m 为目标水位进行预泄，而不是 294.3m。由于 2 日 13：00 入库流量达到起调流量，水库由预泄转为调洪阶段，因此可实施预泄的时间是 15h 左右。

如图 5.3 所示，根据情形①进行的预泄从 9 月 2 日 4：00 开始增加出库流量，而情形②早于情形①，从 9 月 1 日 22：00 就开始进行预泄。情形②的预泄时间大于情形①，如图 5.3（c）所示，进行预泄后库水位大幅下降。之后，正常情况下从 9 月 3 日 15：00 左右开始进行异常洪水时防灾操作，但是情形①比正常情况晚了 3h，在 3 日 18：00 左右开始进行异常洪水时防灾操作。情形②则在经过 12h 左右后的 4 日 6：00 左右开始进行异常洪水时防灾操作。虽然情形①和情形②都不可避免地需要进行异常洪水时防灾操作，但是可以推迟开始的时间。

表5.2　可恢复水位表（洪水日期：2011年9月2日，情形①）

累积降雨量等级/mm	预测降雨量等级 [33h预测降雨量/(mm/33h)]											
	0~49	50~99	100~149	150~199	200~249	250~299	300~349	350~399	400~449	450~499	500~549	≥550
0	没有预泄											
1~19												
20~39												
40~59												
60~79												
80~99												
100~119							297.0 (-2.0m)					
120~139								296.3 (-2.7m)				
140~159									290.0 (-9.0m) A			
160~179											289.7 (-9.3m) B	
180~199												
≥200												

年-月-日	时刻 / 预测
2011-08-31	12:00 预测　累积0mm，预测102mm
	18:00 预测　累积0mm，预测122mm
2011-09-01	0:00 预测　累积42mm，预测115mm
	6:00 预测　累积95mm，预测172mm
	12:00 预测　累积139mm，预测278mm
	18:00 预测　累积194mm，预测443mm
2011-09-02	0:00 预测　累积242mm，预测345mm
	6:00 预测　累积284mm，预测992mm
	12:00 预测　累积387mm，预测586mm
	调洪控制预泄

目标水位294.3m (-4.7m)
预泄目标水位290.0m (-9.0m)
目标290.0m (-9.0m)　289.7m (-9.3m)

初期时刻　接收时间4h
13:00 开始操作
调洪操作9h前

注：
1. 累积雨量在6h无降雨后复位。
2. 准备各6h明细（实施判断3.0h，集合1.5h，巡视、合计1.5h）。

表5.3

可恢复水位表（洪水日期：2011年9月2日，情形②）

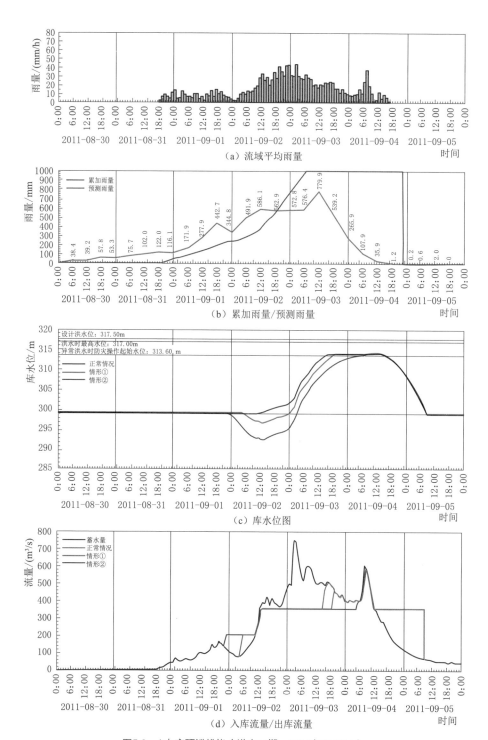

图5.3　A水库预泄模拟（洪水日期：2011年9月2日）

5.1.2   异常洪水时防灾操作技术

进行异常洪水时防灾操作调度的目的是尽可能使用水库调洪库容，在洪水超标准前消减洪峰流量或推迟洪峰出现的时间。异常洪水时防灾操作的条件是当库水位达到异常洪水时防灾操作起始水位❶，并预测未来洪水进一步发展，若库水位将超过洪水时最高水位❷，防洪调度转到异常洪水时防灾操作阶段。但是，由于蓄水量预测的不确定性，有时可能无法完全利用调洪库容。异常洪水时防灾操作流程如图 5.4 所示。

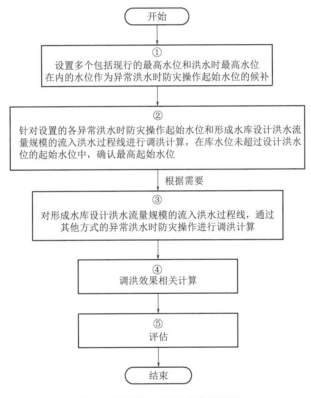

图5.4   异常洪水时防灾操作流程图

5.1.2.1   调度操作方法

国土交通省国土政策技术综合研究所在现行常规方法之外，又提出了异常洪水时防灾操作的四种新方法，分别为最小出库流量法、VR 法、泄洪过程线逐

---

❶ 日文资料对此水位的解释如下：具有闸门控制的水库，当预测库水位超过洪水时最高水位时，操作闸门将出库流量逐步加大至入库流量的操作称为"异常洪水时防灾操作"，开始此操作的水位称为"异常洪水时防灾操作起始水位"。

❷ 等同于我国的防洪高水位。

次检查法和临界操作法。各调度操作方法的基本概念如下。

1. 现行的调度操作方式

以库水位为指示信号，控制闸门，直到出库流量等于入库流量。确定出库流量只需要库水位相关的信息，操作非常简便。无论入库流量的大小如何，均采用增加出库流量的方法冲抵入库流量，而目前的实际操作中可能不能充分利用调洪库容。

事前准备：制定库水位–闸门开关对应表；确定操作开始时和操作期间的出库流量所需的库水位等信息。

2. 最小出库流量法

基于水库的设计洪水流量，确定所需最小出库流量表，并绘制表格。最小出库流量表的制定方法如下：

（1）纵轴和横轴的设置。在 A 水库中，异常洪水时防灾操作起始水位是313.60m，设计洪水位是317.50m；设计出库流量是350m³/s，设计洪水入库流量是2800m³/s。每个溢洪道闸门每一次的操作开度小于0.50m，每次操作1个闸门。闸门间的开度差小于0.50m。

A 水库具有 3 个常规溢洪道闸门、4 个非常溢洪道闸门。常规和紧急溢洪道的闸门开关速度最大为0.3m/min。3 个常规溢洪道闸门同时运行。并且，目标开度小于开关速度的上限0.3m/min 时，可在1min内操作到目标开度。非常溢洪道应在常规溢洪道闸门完全打开之后进行操作。并且，4 个紧急用溢洪道闸门与上述常规溢洪道一样同时运行，目标开度小于开关速度的上限0.3m/min 时，也可在1min内操作到目标开度。

所需最小出库流量表（表5.4）示出了与各库水位和入库流量相对应的所需最小出库流量。纵列以异常洪水时防灾操作起始水位为下限，上限为设计洪水位。横列的下限是调洪开始流量，上限是水库设计入库流量。横列的入库流量刻度为250m³/s，纵列库水位刻度为0.5m。

表5.4　　　　　　　　　所需最小出库流量表样例

库水位/m	入库流量/（m³/s）												
	350	500	750	1000	1250	1500	1750	2000	2250	2500	2600	2700	2800
313.6													
314.0													
314.5													
315.0													
315.5													

库水位/m	入库流量/（m³/s）												
	350	500	750	1000	1250	1500	1750	2000	2250	2500	2600	2700	2800
316.0													
316.5													
317.0													
317.5													

（2）最小出库流量计算方法。以 A 水库（入库流量为 750m³/s，库水位为 316.0m）为例，示出所需最小出库流量的计算过程。首先需要设置初始时间点的出库流量。A 水库初始时间点的出库流量设定为 0 ~ 2m³/s，闸门停止时间为 10min。入库流量的增速通常采用实际的入库洪水过程线和设计洪水过程线急剧上升段的增速。A 水库入库流量的增速设定为 882m³/（s·h）[14.7m³/（s·min）]。

按照设定的入库流量增速，将入库流量增加至设计洪水流量，在入库洪水过程线上按照规定的闸门操作进行调洪模拟。图 5.5 是根据初始出库流量 0m³/s 进行计算的例子。根据该计算结果，当出库流量等于水库设计洪水流量时，库水位超过设计洪水位，初始出库流量偏小。图 5.6 是将初始出库流量设为 146m³/s 时对同样的洪水过程线的计算结果。这种情况的结果与图 5.5 一样，当出库流量等于水库设计洪水流量时库水位超过最高水位，初始出库流量偏小。图 5.7 是将初始出库流量定为 148m³/s 时的计算结果。在这种情况下，库水位达到设计洪水位之前，出库流量等于水库设计洪水流量。根据上述结果，可以得出 148m³/s 是库水位为 316.0m、入库流量为 750m³/s 时所需的最小出库流量。

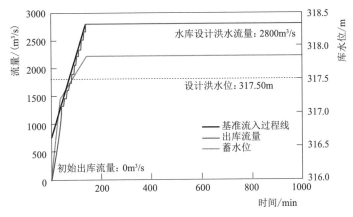

图5.5　所需最小出库流量的模拟（初始出库流量：0m³/s）

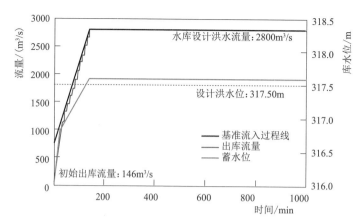

图5.6　所需最小出库流量的模拟（初始出库流量：146m³/s）

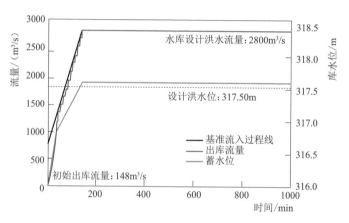

图5.7　所需最小出库流量模拟（初始出库流量：148m³/s）

针对表 5.4 中所有入库流量和库水位进行以上的计算。最后得出 A 水库所需最小出库流量表，见表 5.5。

表5.5　　　　　　　　　A水库所需最小出库流量表

库水位/m	入库流量/（m³/s）												
	350	500	750	1000	1250	1500	1750	2000	2250	2500	2600	2700	2800
313.6	0	0	0	0	120	282	436	550	624	650	678	678	
314.0	0	0	0	0	0	190	350	506	626	710	740	774	774
314.5	0	0	0	0	98	262	420	580	744	850	890	932	932
315.0	0	0	0	26	194	354	512	688	894	1086	1144	1144	1208
315.5	0	0	0	146	310	468	636	820	1092	1306	1330	1352	1352
316.0	0	0	148	312	448	588	756	1044	1314	1436	1484	1508	1508

续表

库水位/m	入库流量/（m³/s）												
	350	500	750	1000	1250	1500	1750	2000	2250	2500	2600	2700	2800
316.5	350	382	428	568	644	794	1050	1348	1500	1626	1652	1678	1704
317.0	350	500	750	1000	1250	1500	1490	1622	1758	1870	1930	1960	1990
317.5	350	500	750	1000	1250	1500	1750	2000	2250	2500	2600	2700	2800

（3）A水库调度案例。如表5.6所列，12：10库水位到达异常洪水时防灾操作起始水位，从此时开始通过所需最小出库流量方式进行泄洪。12：10入库流量达到1145.94m³/s，库水位到达313.70m，通过查询表5.5，得出所需最小出库流量为0m³/s。根据该结果，出库流量可以下降到0m³/s。但是，为了简化操作以及降低风险，该时间点出库流量保持与上一阶段一致，因此按照350.0m³/s的泄洪量。

所需最小出库流量低于当前出库流量的状态持续到14：30，由于14：30求出的所需最小出库流量389.84m³/s超过1h前的出库流量，因此按照384.84m³/s的泄洪量。按上述的步骤进行确定和操作后，15：40的出库流量与入库流量相同。因此，如图5.8所示，异常洪水时防灾操作实际上抑制和延缓了最大出库流量。

表5.6　　　　采用所需最小出库流量方式进行调洪计算的过程

时间	库水位/m	流入量/（m³/s）	所需最小出库流量/（m³/s）	泄洪量/（m³/s）	备　注
12：00	313.26	1222.24	—	350.00	
12：10	313.70	1145.94	0	350.00	超过异常洪水时防灾操作起始水位，可根据所需最小出库流量方式进行泄洪
12：20	314.10	1069.64	5.68	350.00	
12：30	314.46	993.34	0	350.00	
12：40	314.77	917.05	9.52	350.00	
12：50	315.05	840.75	13.45	350.00	
13：00	315.28	797.56	17.87	350.00	
13：10	315.50	758.06	4.69	350.00	"所需最小出库流量<1h前的出库流量"时，不需要降低出库流量，持续1h前的出库流量
13：20	315.69	718.56	49.43	350.00	
13：30	315.86	679.06	76.96	350.00	
13：40	316.01	639.55	91.72	350.00	
13：50	316.14	600.05	157.49	350.00	
14：00	316.26	575.66	225.97	350.00	
14：10	316.36	552.95	290.11	350.00	
14：20	316.45	530.24	349.12	350.00	

续表

时间	库水位/m	流入量/(m³/s)	所需最小出库流量/(m³/s)	泄洪量/(m³/s)	备　注
14：30	316.53	507.54	389.84	389.84	由于所需最小出库流量超过350m³/s，需增加出库流量，以排放所需最小出库流量
14：40	316.58	484.83	395.95	395.95	按照所需最小出库流量泄洪
14：50	316.62	462.12	395.26	395.95	
15：00	316.65	446.68	393.44	395.95	
15：10	316.67	432.05	389.71	395.95	
15：20	316.69	417.42	384.22	395.95	
15：30	316.69	402.79	377.37	395.95	
15：40	316.69	388.16	369.79	388.16	出库流量和入库流量相同

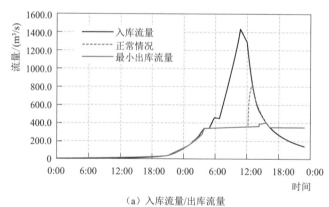

（a）入库流量/出库流量

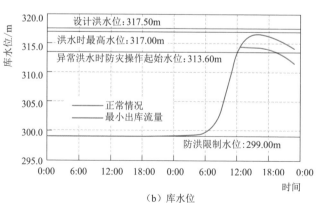

（b）库水位

图5.8　最小出库流量法

3. VR法

VR 法（water storage volume with the ratio of discharge to the flow method）是由三石真也等提出的一种水库泄洪调度方法[1]。首先设置参考流入洪水过程线，以体现根据过去实际发生的洪水等制定洪峰流量之后的入库流量的递减特性。针对该参考流入洪水过程线，根据剩余库容和出库流量制定"泄洪率表"，确定泄洪率，以确保用完调洪库容。

泄洪率＝（出库流量－调洪开始流量）/（入库流量－调洪开始流量） （5.1）

在实际的操作中，根据该时间点的剩余库容和出库流量，参照泄洪率表求取泄洪率，时间确定下一出库流量。

出库流量＝泄洪率×（入库流量－调洪开始流量）＋调洪开始流量 （5.2）

这种操作方法旨在通过在调洪结束时用完调洪库容来提高调洪效果。在每次操作中，如果根据参考流入洪水过程线估计的入库洪量大于剩余库容，需要提高泄洪率（即加大出库流量），相反如果剩余足够的库容，则需降低泄洪率（即降低出库流量）。泄洪率表的制定方法如下。

（1）泄洪率表的纵列和横列设置。在泄洪率表中，纵列表示洪水到达最高水位之前的剩余库容，横列表示出库流量，该表由对应于各剩余库容和出库流量的泄洪率构成。纵列的上限是洪水达到最高水位时的剩余库容（0m³）。另外，虽然纵列下限并没有固定的设置方法，但是由于我们讨论的是异常洪水时防灾操作，因此采用异常洪水时防灾操作起始水位对应的剩余库容。横列的下限是设计出库流量、上限是设计入库洪水流量。纵列和横列适当进行内插和区分。

在 A 水库中，由于异常洪水时防灾操作起始水位至最高洪水水位的剩余库容是 3990km³，剩余库容 0 ～ 3990km³ 之间每个刻度表示 1000km³。另外，该水库的计划最大出库流量为 350m³/s、水库的设计洪水流量为 2800m³/s，因此每个刻度表示 100m³/s。结果见表 5.7。

表5.7   A 水 库 泄 洪 率 表

| 剩余库容/ | 出库流量/（m³/s） | | | | | | | | | | | |
km³	350	450	550	650	750	850	950	1050	1150	1250	1350	1450	1550
0													
990													
1990													
2990													
3990													

---

[1] 三石真也,角哲也,尾关敏久,松木浩志. 基于VR方式的水库调洪适用性相关的研究[J]. 水库工程,2010，20（2）：105-115。

续表

剩余库容/ km³	出库流量/（m³/s）												
	1650	1750	1850	1950	2050	2150	2250	2350	2450	2550	2650	2750	2800
0													
990													
1990													
2990													
3990													

（2）参考入库洪水过程线。假设递减期的参考入库洪水过程线大致以等比数列递减，并且用时间的指数关系表示。

$$Q(t) = ab^{-t} \tag{5.3}$$

式中：$Q(t)$ 为时间 t 时水库入库流量，m³/s；a 为根据洪峰流量确定的常数；b 为洪水递减状况的常数。

a 和 b 的值一般根据设计入库洪水过程线和历史的洪水进行推测，一般取水库设计洪水流量的值作为 a 的值。

A 水库取水库设计洪水流量 2800m³/s 作为 a 的值。$b=1.01$，使其与设计洪水过程线峰值流量扩展到水库设计洪水流量的洪水过程线递减期相吻合。

（3）泄洪率的计算。设置参考流入洪水过程线后，计算与表 5.7 所列出库流量和剩余库容相对应的泄洪率。图 5.9 显示了出库流量为 950m³/s、剩余库容为 3990km³ 时的泄洪率计算过程。首先，求出出库流量为 950m³/s 时与参考流入洪水过程线的交点。此时的时间为 t_s。然后按时间追溯蓄水量等于剩余库容 3990km³ 时的参考流入洪水过程线，此时的时间为 t_f。采用参考流入洪水过程线的公式求得 t_f 时的入库流量为 2560m³/s。根据这些数值，由式（5.1）计算得出

泄洪率 =（出库流量 − 调洪开始流量）/（入库流量 − 调洪开始流量）

=（950 − 350）/（2560 − 350）= 0.271

对其他出库流量、剩余库容使用该计算过程完成泄洪率表。A 水库的泄洪率表见表 5.8。

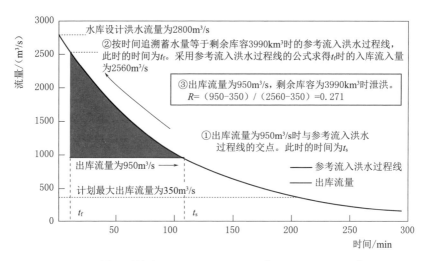

图5.9　泄洪率的计算过程（剩余库容为3990km³、出库流量为950m³/s）

表5.8　　　　　　　　　　　Ａ 水 库 泄 洪 率 表

剩余库容/ km³	出库流量/（m³/s）												
	350	450	550	650	750	850	950	1050	1150	1250	1350	1450	1550
0	1.000	1.000	1.000	1.000	1.000	1.000	1.000	1.000	1.000	1.000	1.000	1.000	1.000
990	0	0.168	0.271	0.342	0.393	0.436	0.472	0.499	0.523	0.547	0.565	0.579	0.589
1990	0	0.113	0.191	0.252	0.299	0.339	0.369	0.396	0.421	0.442	0.458	0.475	0.490
2990	0	0.088	0.154	0.206	0.246	0.283	0.312	0.336	0.362	0.380	0.408	0.449	0.490
3990	0	0.073	0.129	0.176	0.213	0.245	0.271	0.296	0.327	0.367	0.408	0.449	0.490

剩余库容/ km³	出库流量/（m³/s）												
	1650	1750	1850	1950	2050	2150	2250	2350	2450	2550	2650	2750	2800
0	1.000	1.000	1.000	1.000	1.000	1.000	1.000	1.000	1.000	1.000	1.000	1.000	1.000
990	0.602	0.619	0.626	0.653	0.694	0.735	0.776	0.816	0.857	0.898	0.939	0.980	1.000
1990	0.531	0.571	0.612	0.653	0.694	0.735	0.776	0.816	0.857	0.898	0.939	0.980	1.000
2990	0.531	0.571	0.612	0.653	0.694	0.735	0.776	0.816	0.857	0.898	0.939	0.980	1.000
3990	0.531	0.571	0.612	0.653	0.694	0.735	0.776	0.816	0.857	0.898	0.939	0.980	1.000

（4）A 水库调度案例。利用 VR 法对实施了异常洪水时防灾操作的洪水进行异常洪水时防灾操作模拟。

如表 5.9 所列，9 月 3 日 3：00 迎来了峰值入库流量。库水位在 14：00 左右超过了异常洪水时防灾操作起始水位，因此在该时间点采用 VR 法确定了出库流量，但是在表 5.8 中，出库流量确定过程从 14：00 延长到 9 月 3 日 17：10 之后。17：10 的剩余库容为 2304.78km³、出库流量为 355.62m³/s。通过查询表 5.8 蓝框内的数值求得泄洪率为 0.006。利用该泄洪率可求得出库流量等于 0.006 ×（512.69–350）+ 350 = 350.98（m³/s）。之后，反复实施以上步骤，采用 VR 法可确定出库流量。

另外，根据 VR 法确定的出库流量小于 1h 之前的出库流量时，可根据 VR 法确定的出库流量降低出库流量，但是与所需最小出库流量法一样，为了简化操作和避免出库流量下降后再次增加的风险，在该计算中，VR 法用于在增加出库流量时确定出库流量，不执行降低出库流量的操作。计算结果如图 5.10 所示。在正常情况下，9 月 3 日 15：00 左右出库流量急速增加，而在 VR 法中，出库流量慢慢增加，直到 9 月 3 日 23：00 左右才开始迅速增加。9 月 3 日 23：00 左右出库流量慢慢增加，9 月 4 日 0：10 入库流量等于出库流量。库水位如图 5.11 所示，与正常情况相比，使用了更多的调洪库容。

需要引起注意的是，当操作期间入库流量从减少变为增加时，由于参考流入洪水过程线仅表示流量减少的过程，可能会导致延迟操作。

表5.9　　　　　　　　　　　采用VR法确定出库流量

日期和时间	库水位/m	剩余库容/km³	该时间点的出库流量/（m³/s）	泄洪率	入库流量/（m³/s）	采用VR法求得的出库流量/（m³/s）	确定的出库流量/（m³/s）	备注
9月3日 3：00	304.950	12614.81	352.39	0	929.870	—	350.00	入库流量峰值
9月3日 3：10	305.332	12279.88	352.25	0	885.160	350.00	350.00	
⋮							⋮	

日期和时间	库水位/m	剩余库容/km³	该时间点的出库流量/(m³/s)	泄洪率	入库流量/(m³/s)	采用VR法求得的出库流量/(m³/s)	确定的出库流量/(m³/s)	备注
9月3日 17:10	315.071	2304.78	355.62	0.006	512.690	350.98	355.62	通过VR法求得的出库流量=0006×(512.69-350)+350=350.98(m³/s)　※通过VR法求得的出库流量小于该时间点的出库流量时持续保持该时间点的出库流量
9月3日 18:10	315.492	1810.89	357.22	0.009	478.760	351.16	357.22	通过VR法求得的出库流量=0.009×(478.76-350)+350=351.16(m³/s)
9月3日 19:10	315.849	1387.85	358.57	0.013	466.460	351.51	358.57	
9月3日 20:10	316.109	1078.31	359.55	0.016	430.980	351.30	359.55	
9月3日 21:10	316.335	806.32	363.82	0.204	433.900	367.12	367.12	
9月3日 22:10	316.473	640.57	370.04	0.375	407.920	371.72	371.72	
9月3日 23:10	316.609	476.26	401.28	0.560	435.400	397.82	401.28	
9月4日 0:10	316.625	456.63	378.62	0.561	378.980	366.26	378.98	入库流量=出库流量

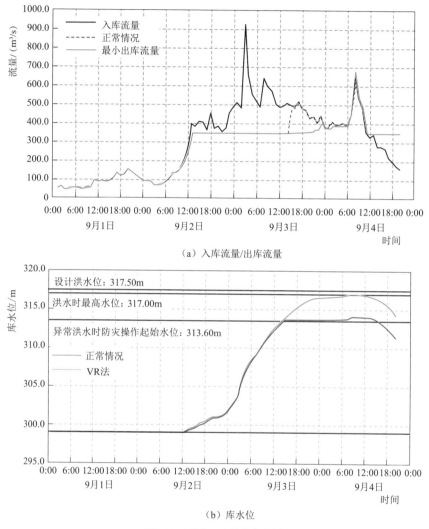

（a）入库流量/出库流量

（b）库水位

图5.10　采用VR法的模拟案例

4. 泄洪过程线逐次检查法

当库水位超过异常洪水时防灾操作起始水位后，且入库流量超过峰值并递减时，设置出库流量曲线，确保每隔60min检查一次泄洪流量的方法称为泄洪过程线逐次检查法。对于入库流量单纯减少的洪水，每隔60min设置出库流量曲线，确定出库流量并尽量多地使用调洪库容，以提高调洪效果。故最好在参考气象观测、预测信息，预测到入库流量减少时实施。由于该操作方式是以入库流量递减为前提，因此，当操作期间入库流量由减少转为增加时，需要注意重新检查并设置出库流量曲线，将洪水时最高水位的出库流量目标值定为计划高水位的出库流量。

（1）检查方法。图5.11（a）中红色线条描绘的是一般情况下异常洪水时防灾操作的出库流量曲线。在该出库流量过程线中，库水位达到洪水时最高水位（防洪高水位）时，出库流量为4600m³/s，库水位达到设计洪水位时，出库流量为5520m³/s。开始进行异常洪水时防灾操作，将1h后的入库流量设为Q_{in1}、出库流量设为Q_{out1}，如果入库流量递减，那么应在洪水时最高水位上排放Q_{in1}，而不是排放设计最大入库流量4600m³/s，并确认出库流量曲线，确保可以在洪水时最高水位上排放Q_{in1}。之后1h根据检查的出库流量曲线进行操作。1h后的入库流量是Q_{in2}，出库流量是Q_{out2}时，如果入库流量呈递减状态（$Q_{in1} > Q_{in2}$），那么与之前一样在洪水时最高水位上检查出库流量曲线，以确保在洪水时最高水位上排放Q_{in2}，根据该泄洪曲线进行操作。如上所述，通过逐次检查泄洪过程线，可以更有效地利用调洪容量，提高调洪效果。

（2）A水库调度案例。表5.10示出了一部分计算过程。12：08库水位超过异常洪水时防灾操作起始水位，在该时间点采用泄洪过程线逐次检查法开始进行泄洪。此时的入库流量是1161.20m³/s，已迎来入库流量峰值并且入库流量在不断递减，因此需检查出库流量曲线，以确保可在洪水时最高水位（防洪高水位）排泄该入库流量。

表5.10针对检查前的出库流量曲线和检查后的出库流量曲线示出了每个库水位的出库流量。在12：08进行的第1次检查中，如上所述，可以在洪水时最高水位317.00m上排放1161.20m³/s。具体来说，由于检查前的出库流量曲线的洪水时最高水位中的出库流量是2365m³/s，第1次检查时的入库流量是1161.20m³/s，该时间点的出库流量是353.07m³/s，因此，将检查前的出库流量曲线乘以（1161.20−353.07）/（2365−353.07）=0.40的倍率，得到重新修改后的出库流量曲线。

第1次检查之后经过了1h，即在13：08以入库流量765.96m³/s为基准进行了第2次出库流量曲线检查。最终在13：30出库流量和入库流量相同，因此之后按入库流量等于出库流量进行操作。检查前和第1次检查以及第2次检查后的出库流量曲线如图5.12所示。作为调洪效果，如图5.13（a）所示，与现行异常洪水时防灾操作相比，可以控制最大出库流量。并且，对于库水位，如图5.13（b）所示，与现行异常洪水时防灾操作相比，正在实施使用大量调洪容量的有效操作。

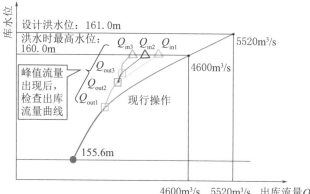

（a）出库流量曲线检查图

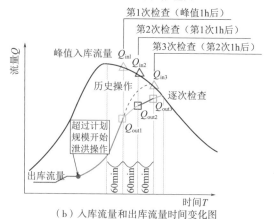

（b）入库流量和出库流量时间变化图

图5.11　泄洪过程线逐次检查法

$Q_{in1} \sim Q_{in3}$—入库流量；$Q_{out1} \sim Q_{out3}$—出库流量

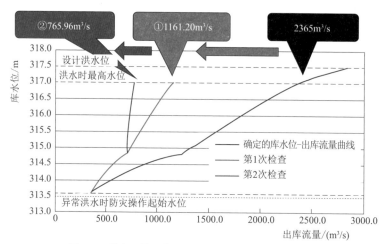

图5.12　检查后的异常洪水时防灾操作的出库流量曲线

表5.10   采用泄洪过程线逐次检查法的部分计算过程

时间	库水位/m	入库流量/ （m³/s）	通过出库流量曲线 逐次检查方式确定 的出库流量/（m³/s）	出库流量/ （m³/s）	备 注
10：50	309.255	1442.05	—	350.00	入库流量峰值
12：00	313.255	1222.24	—	350.00	
12：08	313.617	1161.20	353.07	353.07	由于超过洪水时最高水位，入库流量超过峰值并下降，因此开始进行出库流量曲线逐次检查（第1次检查）
12：10	313.703	1145.94	370.62	370.62	
12：20	314.096	1069.64	453.27	453.27	
12：30	314.403	993.34	535.76	535.76	
12：40	314.628	917.05	622.43	622.43	
12：50	314.766	840.75	687.88	687.88	
13：00	314.837	797.56	709.66	709.66	
13：08	314.869	765.96	705.09	705.09	第1次检查后经过了1h，实施第2次检查
13：10	314.875	758.06	705.22	705.22	
13：20	314.893	718.56	705.63	705.63	
13：30	314.890	679.06	705.56	679.06	
13：40	314.879	639.55	705.31	639.55	
13：50	314.867	600.05	705.04	600.05	根据出库流量曲线逐次检查方式确定的出库流量超过了入库流量，之后按入库流量等于出库流量进行操作
14：00	314.858	575.66	704.84	575.66	
14：10	314.850	552.95	704.66	552.95	
14：20	314.842	530.24	603.11	530.24	
14：30	314.834	507.54	601.48	507.54	

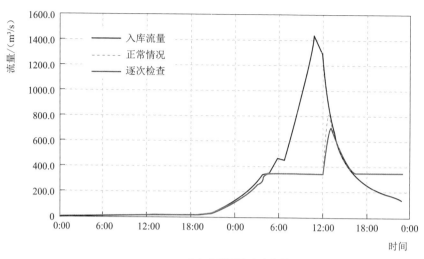

（a）入库流量/出库流量

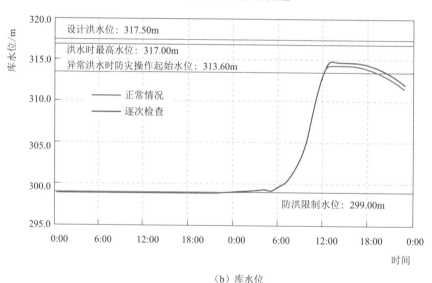

（b）库水位

图5.13　泄洪过程线逐次检查法模拟案例

需要注意的是，该方式是以入库流量减少为前提的操作方式，当操作中的入库流量由减少转为增加时，需要重新设置出库流量曲线。

5. 临界操作法

根据下游河道的水位流量关系、下游河道的水位上升速度的上限、入库流量、出库流量以及库水位的关系求得"临界入库流量"，并作为异常洪水时防灾操作的依据。当入库流量超过临界入库流量时，即开始进行异常洪水时防灾操作的泄洪。根据该方式，可以将下游水位的上升速度控制在所需速度以内。

（1）调度开始时间和出库流量的确定方法。现行的调度操作方式、最小出库流量法、VR 法以及泄洪过程线逐次检查法都具有诸如"库水位超过异常洪水时防灾操作起始水位时开始泄洪"的标准，相反临界操作方法则需实时通过分析获得称为"临界入库流量"指标，当入库流量超过临界入库流量时开始进行异常洪水时防灾操作，因此异常洪水时防灾操作的开始时机与上述 4 种方法不同。此外基于临界操作法的异常洪水时防灾操作还需要通过库水位二次函数计算的出库流量。为了理解基于临界操作方式的异常洪水时防灾操作的开始时机和出库流量的确定程序，我们将使用数学公式进行描述。各数学公式的含义、具体内容等请参照今村瑞穂的文章 ❶。

在临界操作法中，异常洪水时防灾操作的出库流量用式（5.4）表示，称为泄洪函数。此外，出库流量也可以用水库下游水位观测站的水位流量关系表达，见式（5.5）。

$$Q_0 = A(V - B)^2 + q_b \tag{5.4}$$

$$Q_0 = K(H - h_0)^2 \tag{5.5}$$

式中：Q_0 为出库流量；V 为蓄水量；H 为下游河流水位；B、q_b 分别为用二次函数表示的泄洪函数的顶点；A 为常数；K 为常数（通过 H-Q 公式求得）；h_0 为水位观测站的基准点标高。

用时间 t 对式（5.4）和式（5.5）进行微分，见式（5.6）。

$$\frac{dH}{dt} = \sqrt{\frac{A}{K}} \sqrt{\frac{Q_0 - q_b}{Q_0}} (Q_i - Q_0) \tag{5.6}$$

式中：Q_i 为 i 时刻的流量。

如果所需的下游水位上升速度（比如 30cm/30min）为 H_c，那么，当式（5.6）中 $dH/dt \leqslant H_c$ 时，得到式（5.7）。

$$Q \leqslant \frac{H_c \sqrt{K}}{\sqrt{A}} \sqrt{\frac{Q_0}{Q_0 - q_b}} + Q_0 = Q_{ic} \tag{5.7}$$

Q_{ic} 称为临界入库流量的变量。计算临界入库流量，当入库流量超过临界入库流量时，开始进行式（5.4）所示的泄洪即可维持 H_c 规定的下游水位上升速度。

在入库流量大于临界入库流量时，利用式（5.4）所示的泄洪函数确定出库流量并进行泄洪，需要计算泄洪函数的常数 A、B 和 q_b。根据式（5.8）计算 q_b。

---

❶　今村瑞穂. 水库调洪合理化相关的考察［J］. 水库工程，1998，8（2）：102-116。

$$q_b = \frac{2Q_0^2\left(1 - \dfrac{\mathrm{d}Q_i}{\mathrm{d}Q_0}\right)}{Q_i + Q_0 - 2Q_0\dfrac{\mathrm{d}Q_i}{\mathrm{d}Q_0}} \tag{5.8}$$

常数 A 和 B 根据目标水库设计洪水流量 q_u、最大蓄水量 v_u、异常洪水时防灾操作起始时间的出库流量 q_m 和蓄水量 v_m，按式（5.9）和式（5.10）进行计算。

$$A = \left(\frac{\sqrt{q_u - q_b} - \sqrt{q_m - q_b}}{v_u - v_m}\right)^2 \tag{5.9}$$

$$B = \left(\frac{v_m\sqrt{q_u - q_b} - v_u\sqrt{q_m - q_b}}{\sqrt{q_u - q_b} - \sqrt{q_m - q_b}}\right)^2 \tag{5.10}$$

临界操作法的计算步骤如下。

1）根据式（5.8）~式（5.10）计算 q_b、A 和 B 的值。q_u 是水库设计洪水流量，v_u 是最大蓄水量=设计洪水位的容量，q_m 和 v_m 是当时的出库流量和蓄水量。

2）根据1）计算的 A 和 q_b 的值，按式（5.7）计算 Q_{ic}。

3）Q_i 达到 Q_{ic} 后，使用 1h 前计算的 q_b、A 的值，并按照泄洪函数 [式（5.4）] 确定出库流量。

4）临界操作法开始后，根据3）求得的 q_b、A 和 B 以及实时变化的蓄水量，按式（5.4）确定出库流量。

（2）调度案例。通过正常的调洪操作将实际的流入洪水过程线扩展到用完调洪库容的程度，然后通过临界操作法进行模拟。其中，参照下游水位流量曲线的常数将 K 设为 57.4。另外，水位上升速度的上限值 H_c 设为 30cm/30min。由于 9∶20 的入库流量超过了临界入库流量，因此利用 1h 前计算的 A、B 和 q_b 的值设置了泄洪函数。分别是 A=7.46×10^{-12}、B=9738351、q_b=181.88。之后，泄洪在该泄洪函数上输入蓄水量后得到的出库流量，直到与入库流量相等。12∶20 左右出库流量与入库流量相同，之后进行了入库流量等于出库流量的操作。

图 5.14 是入库流量/出库流量以及库水位的时间序列。在图 5.15 中，下游水位上升速度的上限值除了 30cm/30min 外，还示出了 50cm/30min 和 100cm/30min 两种情景。当下游的水位上升速度为 30cm/30min 时，可以看出，出库流量开始增加的时间比现行异常洪水时防灾操作启动时间早得多。库水位方面，水位相当于调洪库容的 80%，远远低于当前异常洪水时防灾操作起始水位，导致无法有效利用调洪库容。下游水位上升速度的上限值为 50cm/30min 和 100cm/30min，这两种情形与 30cm/30min 的情形一样，其出库流量开始增加的时间比现行异常洪水

时防灾操作启动时间早得多，但是，由于下游水位上升速度的上限是 50cm/30min 和 100cm/30min，因此可以推迟增加出库流量的时间。

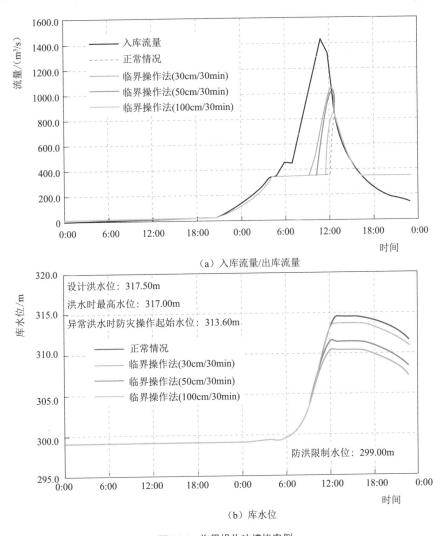

（a）入库流量/出库流量

（b）库水位

图5.14　临界操作法模拟案例

根据流入洪水过程线，如果下游水位上升速度设置得较慢，则采用临界操作法可能无法获得适当的调洪效果。另外，需要针对每次洪水计算出库流量泄洪函数的常数值。

5.1.2.2　异常洪水时防灾操作方案制定

首先是根据现行操作方式，针对异常洪水时防灾操作起始水位进行分析。之后，根据需要，以有效利用调洪库容等先进操作为目的，在库水位的基础上利用入库流量等附加信息，分析导入其他异常洪水时防灾操作方法的可行性。一般来说，根据图 5.4 的流程实施。

（1）分析异常洪水时防灾操作起始水位，即图 5.4 中的步骤①～步骤②。首先设置多个包括现行的最高水位和洪水时最高水位在内的异常洪水时防灾操作起始水位。然后，针对设置的各异常洪水时防灾操作起始水位，将水库防洪高水位的入库洪水过程线的峰值流量扩展成为水库设计洪水流量的入库洪水过程线，再以此为目标进行调洪计算。这里的计算是以未设置闸门停止时间，全速执行打开操作为前提进行的。对于获得的计算结果，在库水位不超过设计洪水位的起始水位中确认最高的起始水位。

（2）在异常洪水期间导入其他防灾操作的分析，即图 5.4 中的步骤③～步骤⑤。将水库防洪高水位的入库洪水过程线的峰值流量扩展成为水库设计洪水流量的入库洪水过程线，再以此目标，采取异常洪水时的其他防灾操作方法（上述 4 种方法）进行调洪计算。另外，对于在确定异常洪水防灾操作期间的出库流量不需要掌握入库流量的临界操作法，以不设置闸门停止时间，全速执行打开操作进行。另外，计算时设置多个下游河流的水位上升速度作为计算条件。针对用于确定出库流量而需掌握入库流量的方式（最小出库流量法、VR 法以及泄洪过程线逐次检查法），设置入库流量所需的闸门停止时间。根据该结果，以库水位不超过设计洪水位的操作方式为目标，将调洪库容的确定入库洪水过程线适当扩展，采取充分利用调洪库容时的流入洪水过程线进行调洪计算。

根据各种操作方式的计算结果，确认调洪功能（水库最大出库流量、下游评估点的水位下降效果等）的效果，评估异常洪水时其他防灾操作方法的适宜性。

（3）修改异常洪水时防灾操作方案。重新设置异常洪水时防灾操作起始水位或导入新的操作方法时，还需听取专家提出的水库设施和水库安全等其他与管理注意事项相关的意见，按规定的程序修改调度方案。

5.1.3　特殊防灾调度技术

在下游河流发生洪灾或可能发生洪灾时，应考虑降雨状况，同时检查特殊防灾调度的可行性，确保有效利用水库调洪库容，进一步减少洪水对下游流域的侵袭。

1. 特殊防灾操作步骤

在发生洪水灾害或可能发生洪水灾害的下游河流中，合理确定在洪水结束情况下实施特殊防灾操作，并且需要根据气象水文观测和预测信息判断是否开始或持续进行特殊防灾操作。一般可按照图 5.15 所示的流程进行，大致分为特殊防灾调度的开始判断和"持续判断"。我们主要针对台风性或前线性降雨引发的洪水，按以下 5 个步骤进行分析，确认实施特殊防灾操作的可行性。

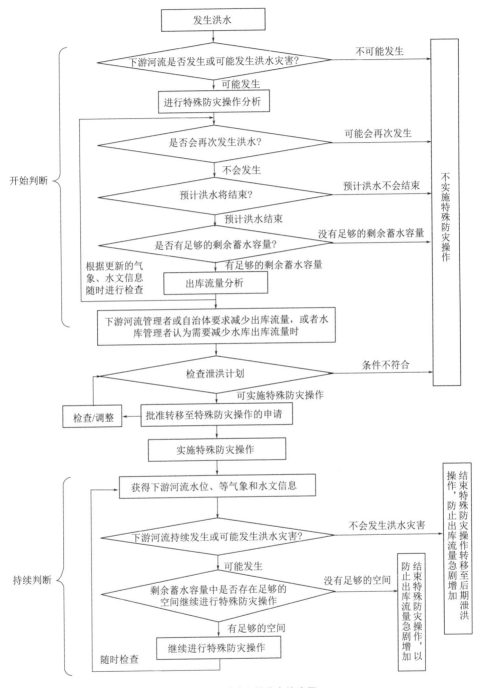

图5.15　特殊防灾操作实施流程

（1）参考降雨量和水位信息判断下游河流是否发生或可能发生洪灾。

193

（2）参考气象厅的天气预报（48h 降雨预报）以及每周天气预报资料，确认当前洪水结束后是否会再次发生洪水，或者是调节当前洪水后所存储的容量下降到蓄水起始水位期间是否会再次发生洪水。

（3）根据现阶段的降雨和今后（提前数小时）的降雨预测相关的信息，确认是否能够准确判断或预测雨量的峰值和结束时刻，一般使用国土交通省 C 波段雷达雨量计或 XRAIN 记录的降雨数据，进而掌握当前的雨量情况。另外，对于未来的降雨情况（未来降雨区域的变化、水库流域平均降雨量的预测），一般使用短期临近降水预报，即提前 6h 的预测雨量。

（4）预见到洪水结束时，确认根据特殊防灾操作继续进行泄洪时，考虑是否具有足够的剩余蓄水容量。有足够的剩余蓄水容量时，考虑是否可以根据主规则操作减少出库流量而不是泄洪。

（5）开始进行特殊防灾操作后，掌握水库库水位、入库流量以及下游河流状况，同时在每次更新天气预报和预测雨量时，确认下一次洪水的可能性，预测未来几个小时内的雨量，以及状况未发生变化时继续进行特殊防灾操作。此外，如果在下游河道发生或可能发生洪水灾害的风险被排除，通过增加泄洪的方式终止特殊防灾操作，并且转移到后期泄洪操作，以防止下游出库流量急剧增加。另外，如果根据下一轮降雨预报，剩余蓄到水容量不足时，需要通过增加泄洪的方式终止特殊防灾操作，以防止下游出库流量急剧增加。

2. 特殊防灾操作案例

以 B 水库 2011 年 9 月发生的洪水为例，详细介绍步骤（1）～步骤（5）。

B 水库位于 D 河流的支流 E 河流上，参数如下。

（1）流域面积：226.4km²。

（2）水库所在位置到 D 河流汇合点的距离：约 10km。

（3）正常蓄水位：318.0m。

（4）异常洪水时防灾操作起始水位：330.8m。

（5）洪水时最高水位（防洪高水位）：333.0m。

（6）设计洪水位：334.0m。

（7）调洪库容（汛期）：28000000m³。

（8）起调流量：100m³/s。

（9）调洪方式：定量泄洪方式。

（10）设计最大出库流量：100m³/s。

（11）泄洪设备：1 个常规溢洪道闸门，4 个非常溢洪道闸门。

特殊防灾操作在下游河流发生或可能发生洪水灾害时实施，因此需要设置作为判断是否实施或继续实施特殊防灾操作标准的水位观测地点。B 水库设置了 C 点。C 点位于 D 河流的主流上，在距离 D 河流和 E 河流汇合点的下游约 2km 的位置。设计洪水位等的数值如下：

（1）设计洪水位：8.69m。

（2）泛滥危险水位：7.90m。

（3）泛滥注意水位：6.80m。

步骤（1）～步骤（5）的具体研究方法如下：

（1）下游河流是否发生或可能发生洪水灾害？特殊防灾操作是在下游河流发生或可能发生洪水灾害时实施的，因此需要参考降雨量和水位信息进行判断。

如图5.16所示，在这场洪水中，9月20日开始持续发生强降雨，在台风来临的21日晚下了非常大的雨。C点水位在9月21日20：00左右超过泛滥危险水位，之后也出现水位可能上升的状况。因此，研究B水库是否进行特殊防灾操作提上议程。

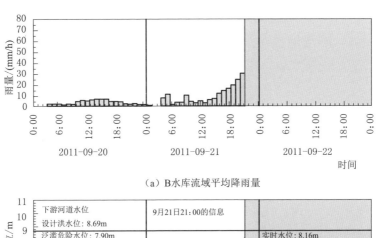

（a）B水库流域平均降雨量

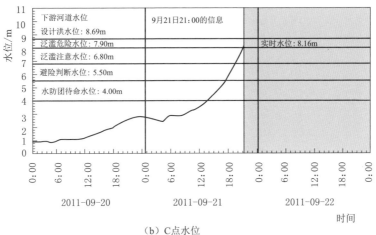

（b）C点水位

图5.16　9月21日21：00 B水库流域平均雨量和C点的水位

（2）是否存在再次发生洪水的风险。通过实施异常洪水时防灾操作储存了超过汛限水位的洪水时，调洪结束后需要较长的时间来降低水位。因此，需要确认库水位下降到汛限水位这一期间是否会再次发生洪水。我们根据地方气象部门的每日天气预报和远期天气预报（一般为一周）进行判断。气象厅9月21

日 17：00 发布的府县天气预报显示，B 水库所在的福岛县，21 日晚"大雨 +打雷"，明天（22 日）"阴天，接近中午时分偶尔放晴，黄昏之前有雨"，后天（23 日）"晴，偶尔多云"。另外，从该地方气象台发布的每周天气预报来看，2011 年 9 月 21 日 17：00 发布的福岛县中通 9 月 22—28 日的天气是多云、偶尔天晴，或者多云，或者晴天偶尔多云，可靠性为 A 或 B，未预报有大雨。

从天气预报可以看出，在目前的降雨之后不必担心洪水泛滥。此外，假如实施特殊防灾操作后用完全部调洪容量，那么降低库水位大概需要 3 天左右的时间。预计在当前的降雨后的大约一个星期内不会出现大的洪水，因此，即使通过特殊防灾操作提高了库水位，也可确保有足够的时间来降低库水位。

（3）是否能够预见洪水结束。在步骤（2）中，我们调查了下一次洪水的可能性。接下来，需要根据当前的降雨信息和未来几小时的预测信息判断当前的降雨高峰期和结束期。

通过气象雷达（C 波段雷达）监测目前为止的降雨时间分布和空间分布的变化，预测该流域的降雨高峰期和结束期。图 5.17 是对目标洪水每 10min 的雨量进行累积后的每小时的降雨量变化（21 日 18：00—22：00）。从图中可知，B 水库周边发生的暴雨区域从 18：00 左右开始逐渐向北移动，9 月 21 日 22：00[图 5.18（e）]的前 1h 的雨量比之前时间少，表明降雨高峰期已过。

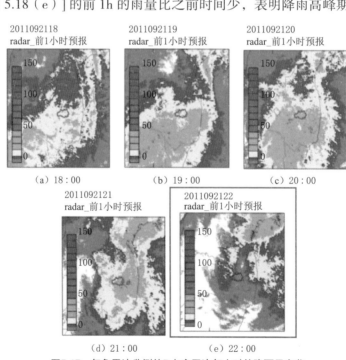

图5.17　气象雷达监测的B水库周边每小时的降雨量变化
（9月21日18：00—22：00）

根据气象厅短期降水预报未来 6h 的雨量预报结果推测水库流域未来的降雨量变化情况。图 5.18 示出了 B 水库流域的预测降雨量的趋势（预测初始时间：9 月 21 日 21：00 以及未来 6h）。根据该结果可以预测 B 水库流域的降雨量在 22：00 之后（2h 后）大大减小。

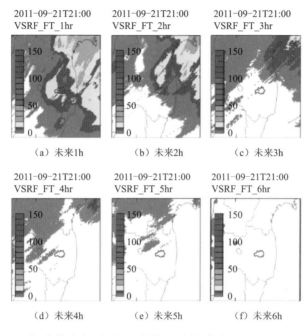

图5.18　基于短期降水预报的6h预测值（预测初始时间为9月21日21：00）

可以看出，22：00 已经过了降雨的高峰期，未来雨量将会减少并停止，结束洪水期。

（4）确认是否有足够的剩余库容，分析出库流量。如果可以预见当前洪水何时结束，那么需要确认"根据特殊防灾操作继续进行泄洪时是否有足够的剩余蓄水容量"。如果有足够的剩余蓄水容量，需要考虑是否可以降低出库流量而不是通过特殊防灾操作进行泄洪。以下是 B 水库 9 月 21 日 22：00 的分析过程。

9 月 21 日 22：00，B 水库库水位是 320.20m，剩余库容是 25380000m^3，入库流量是 $353.8\text{m}^3/\text{s}$，出库流量是 $100\text{m}^3/\text{s}$，C 点的水位是 8.66m（图 5.17）。另外，B 水库的流出滞后时间 TL 为 2h。对于剩余库容，如上所述，通过比较填满剩余库容的降雨量（纳雨能力）和 6h 的预报累积降雨量进行分析。

1）TL 内的实际流域平均降水量的累积：R_{obs} = 34.2mm（根据雷达降雨量进行计算）。

2）未来 6h 的预测降雨量的合计：R_{for} = 0.4mm（根据 22：00 的短期降水预

报进行计算）。

3）预测时段内总入库流量的降雨量：$R_{tot} = R_{obs} + R_{for} = 34.2 + 0.4 = 34.6$（mm）。

4）填充剩余库容所需的降雨量：$R_{vol} = 25380000$ m³$/226.4$ km² $= 0.112$m$=$ 112.1mm。

5）R_{vol}（112.1mm）$> R_{tot}$（34.6mm）。

综上，判断，B 水库具有足够的剩余库容。

在 5）中，$R_{vol} > R_{tot}$，即使出库流量为 0 也不会出现调洪库容不足的现象，因此可将出库流量设为 0。

（5）是否继续进行特殊防灾操作？开始进行特殊防灾操作后，在掌握水库库水位、入库流量以及下游河流状况的同时，必须密切注意每次天气预报和预测降雨量的更新，评估下一次洪水发生的可能性以及未来几小时预测的降雨量。如果情况没有变化，则继续进行特殊防灾操作。如果下游洪水泛滥的风险消除，则终止特殊防灾操作，转移到降低库水位的操作调度阶段。

5.2　泄洪预警区确定方法

日本《河川法》《特定多功能水库法》要求，水库的负责人应在河流周围设定必要的安全措施。当水库放水（泄洪）对下游人员设施安全造成影响时，要根据政策法令提前通知相关都道府县负责人、相关市町村行政首长、警察局局长、消防队队长等人士，并采取必要的措施向河流周边发布警报。根据法律要求，日本对所有泄洪或放水等调度对下游安全有影响的水库均进行了水库泄洪预警区的划定，并建设了以广播站、警示牌为主的放水预警系统。

为了指导水库放水（泄洪）影响区划定和预警系统建设，建设省（国土交通省前身）于 1987 年 3 月制定了《水库放流报警系统计画书与设计导则》❶，随着技术的发展、水文资料的积累、河流空间利用日趋多样化，国土交通省于 2011 年又重新发布了该设计导则，该导则对泄洪预警区确定方法、预警系统建设方案和原则做了详细规定。

5.2.1　基本概念

泄洪预警区是指因水库泄洪（放水）导致下游河流水位显著上升、可能产生危险的区域（图 5.19）。根据多个因水库放水泄洪而导致人员伤亡的教训案例，为保证水流湍急引起的流量变化对人身安全不造成危害，河道中可能被洪水淹没的地点和水位上升速率超过 30cm/30min 以上区域被认为是泄洪预警区，需要

❶　ダム放流警報システム計画・設計指針（案）同解説［EB/OL］. http://www.mlit.go.jp/river/shishin_guideline/dam3/pdf/houryuukeihou_kaisetsu.pdf。

事先进行预警。水库管理者在开闸放水之际，要对可能危及的区域有一定了解。如人群能够进入河流的位置，河道内垂钓、露营区域，河心岛，因水库下游地区水位陡升的地点，这些地点都是必须进行预警的区域。

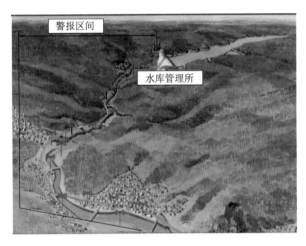

图5.19　泄洪预警区

由于开闸放水导致的下游水位上升的速率跟多种因素如降雨过程线、水库下游流域与大坝的关系、流域大小以及下游河道形状等有关。一般而言，水库放水对下流河道产生的影响是主导性的。

5.2.2　确定方法

（1）设定对象过程线。研究水库设计入库过程线、与防洪高水位对应的入库洪水过程线以及实际洪水过程线，选择流量变化最为剧烈的过程线作为泄洪预警区分析对象过程线。

（2）确定分析范围。分析每个水库泄洪预警区时，要根据降雨特性、流域特性、河流利用状况等综合研判，一般情况下，可以把受水库泄洪导致水位升高影响较小或无影响的地点作为分析范围的终点，可选取以下三个地点：

1）与主流（下游较大河流）的汇合点。

2）水库下游的较大水域（如水库或湖泊等）。

3）河流断面突然变大的地点。

（3）设定对象流量。对象流量即为下游河道的临界流量，在此流量时，假设正常的人不能够进入河道活动。换言之，下游河道的某地点出现临界流量时，水库下泄洪水可能对在河道内活动的人造成危险。确定临界流量时，应考虑将以下三种流量作为临界流量的上限（需将下游河道的临界流量上溯至坝址处）：

1）水库计划最大出库流量。

2）水库调度的起始流量。

3）相当于警戒水位的流量。

在设定下游河道临界流量时，要先根据全范围内河流的横截面图和平面图来判断最容易造成人员伤亡以及水位变动影响大的地点。需要留意垂钓、河心岛露营的人群，要考虑到他们即使注意到水位上升也已回不到岸边的情况。当然也存在在河滩地散步的人群，这样的人群比较容易意识到危险，也容易避开危险。

当水库泄洪出现以下三种情况时，对应的流量可设定为临界流量。

1）由横截面形状来判断，陡峭的岸坡处水深超过 1m。

2）河心岛完全被淹没。

3）在复合断面的河道内到达了高水地（滩）。

（4）确定水位陡升的地点。可根据实际资料的情况，选择全河段或者代表河段确定水位陡升的地点。一般有两种方法：一是目测；二是采用水力学的方法，绘制河道水位纵断图，找出水位陡升的河段（图 5.20）。

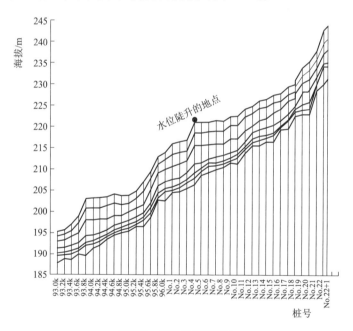

图5.20　绘制水位纵断图

（5）确定水位陡升的范围。导致下游河道水位上升的原因除了水库泄洪之外，还有水库下游流域产汇流，所以将其区分成以下两个水位上升量：

1）水库泄洪量 + 下游流域产汇流量导致的水位上升量 ΔH_1。

2）仅有下游流域产汇流量导致的水位上升量 ΔH_2。

将以上两个结果的差 $\Delta H_3 = \Delta H_1 - \Delta H_2$ 作为水库泄洪水位上升的影响范围，将对象流量以下的水位上升量的最大值整理出来，如图 5.21 所示，求出水位上升速率超过 30cm/30min 的范围。

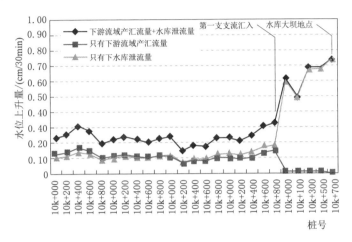

图5.21　水位上升量的计算图

（6）预警区的设定。根据计算出的水位上升速率，将达到或超过水位上升速率的地点以及其周边地点作为泄洪预警区。

5.3　泄洪预警系统建设

5.3.1　预警原则

1. 需要预警的情形

泄洪预警发布的目的是避免水流上升造成的人员和财产损失，并对周边进行危险提醒。预警发布时，要特别注意以下五种情况。

（1）为利用水资源、发电等进行的放水，放水量由零开始时。

（2）主要的泄洪装置（溢洪道等）开始泄洪时。

（3）在泄洪过程中放水量突然增加时。

（4）采用开敞式溢洪道的水库，洪水开始溢流时。

（5）计划外的放水或泄洪。

在非暴雨时进行的水库预泄，或因水库管理放水等，对河流内活动的人群来说都是人为且不可预测的水位上升，这些情况下也要充分考虑放水（泄洪）可能产生的危害，需要实施必要的预警。《河川法》要求，水库管理者必须在准备放水前 30min 采用预警系统向下游发出警报。

2. 预警区域判断

所谓放水预警应该实施的区域，除了每 30min 的水位上升量超过 30cm 的区域和预测到的区域外，还有根据河流利用情况等判断出的必须实施预警的区域。也就是说，除了那些可预测的水位陡升的区域，还要对一些由于放水状况导致出现险情的区域进行预警。

此外，预警的目的是针对河流使用者和即将进入河流的人群进行必要的警告。那么需在河道内以及河道临近的地点进行警报，离河流比较远的地点不进行警报。

3. 预警注意事项

警报设备除了对普通的河流使用者进行警告传达外，还会对即将进入河流内的人群进行警告。为了实现这一点，不仅要不分昼夜，而且还要充分考虑风雨天气，以及河流利用情况的变化，以此为标准，设定预警信息的内容和发布的时间间隔。

此外，在预警区，除了使用警笛、扩音器这些措施外，还要采用多种设备（如报警显示设备、警示灯、警报车等）重复播放；并且要设立警示牌，在警示牌上解释说明警报内容。

同一河流内如有多个水库，为了保证放水预警的高效率运行，必要的情况下，可以设置为用相关水库报警设备来分担部分的报警工作。

为保证放水预警顺利进行，需要水库管理者、下游政府、消防局和警察局等组织密切配合。

5.3.2　设备布设

布设预警设备的目的是对那些河流使用者和即将进入河流内的人群进行提醒，使之避开由放水引起的危害，并保证以最快的速度进行准确传达。常用的水库泄洪预警设备有警示牌、警笛、扩音器、电子显示屏、警示灯等。有时，为了核实受威胁人群确实收到预警，需要配备警报车进行巡视。根据地域特点等选择最合适的设备，并充分考虑以下几点注意事项。

（1）对需被警报的人群要确实通知到。

（2）使警报能够为民众所理解。

（3）要对警报设备的运转情况有准确的把握，一旦出现故障，实现现场更新（备份）。

（4）针对下游河流的使用情况，在民众发生意外状况时要实施连续警报。

（5）尽可能地适应河流周边地区和河流内的特点。

1. 警示牌的设置

警示牌一般设立在那些河流周围民众聚集的场所，如人们进行休闲活动（游泳、露营、垂钓等）的地点。通过警示牌的设立，使人们能够理解扩音器、警笛、电子显示屏、警示灯等的作用，尽量减少在河流附件活动人员对水库泄洪的误解。

特别要注意河心岛露营的情况，水位一旦上升，对露营的危害巨大，要确保警示牌能够吸引他们的注意力。警示牌要持久耐用，不易损坏。图5.22是设置在不同地点的警示牌样式。

(a) 设置在普通地点

(b) 设置在水库正下游，容易受到水库放水影响的地点

(c) 设置在河流使用者很多的地点

图5.22　警示牌样式

2. 警笛的设置

设置警笛流程如下：

（1）了解河流周围地域环境，初步选定警报局位置。设置警笛的时候，不仅要充分考虑到要使河流使用者都可以听到警报信息，还必须降低对周围民众的噪声影响。所以在设置警报局的时候，要考虑以下几点事项。

1）河流周围的民众居住情况。为了使警笛不打扰沿河流居住的民众，要针对居住情况，尽量设置指向性强的警笛。

2）河道两岸的地形情况。如果在警笛的警报区域内有树木或者其他障碍物，就会造成声音无法准确到达。所以应根据地形情况核实警报音的传播路线，然后初步确定警报局的位置。而且还要准确把握建议地点的地形条件和声音传播情况。

3）河流周围的环境噪声情况。为了使河流使用者能够准确听到警报音，要保证警报音比环境噪声声音大。那么事先就要对河道内以及周围的环境噪声进行测量。

（2）设定基准声压。为了使警笛的警报声能够在警报区域内连续，不仅要确定警报局能够覆盖的范围，还要对基准声压进行设定。

声音有随着距离减弱的特性，所以即使设定了大功率的警报局（包括扩音器、警笛），然而由于减弱了音量而无法延长距离，这就是一种浪费。如果出现因地域和噪声问题导致声音无法准确传播的现象，则需要增加警报局的数量。

此外，在警笛声音传播的时候，除了随着距离的延长声音会逐渐减弱外，天气状况对声音传播也有一定影响。所以在设定基准声压值的时候，不仅要把握声音传播路线，更要考虑到恶劣天气的环境因素。警笛声压设定公式如下：

$$警笛声压 = 环境噪声 +6+\alpha \tag{5.11}$$

式中：α 为环境影响下的声音传播衰减量。

（3）确定警报局位置和警笛播放功率。在进行警笛位置的设立时，要考虑河流周围地域环境，并以每一个警报局为中心画出如图 5.23 和图 5.24 所示的圆形，表示警报区间的通知范围。

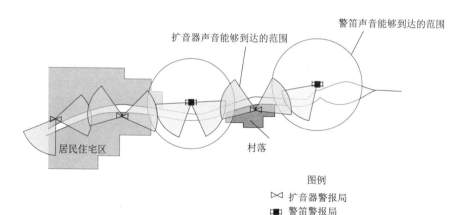

图5.23　警报局配置示例1

然后将能够到达最远端、比基准声压高的声音的功率设定为警笛的固定输出功率。并且要充分考虑到对沿河流居住的民众产生的噪声，尽量使警笛的配置更加密集，并使之具有较强的指向性。

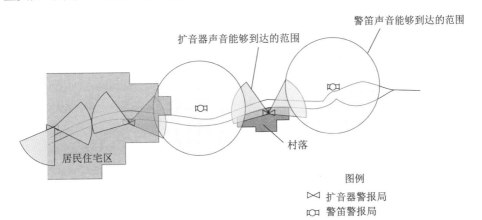

图5.24　警报局配置示例2

警笛的声音到达距离与输出功率的公式如下：

$$P_\mathrm{w} = P_\mathrm{o} + 20\lg L + 8 \qquad (5.12)$$

式中：P_w 为警笛的必要声压，dB；P_o 为基准声压，dB；L 为声音传播范围半径，m。

（4）声音到达试验。扩音器与警笛的声音通常可以到达很远的地方，然而如果被山林草木等覆盖物所影响的话，其能够到达的范围就大大缩小了。并且溪流山谷等会对声音造成反射，这种情况下即便音压达到了标准范围，警笛声等还是会发生变化，导致民众无法准确理解预警信息的含义。因此要进行多次测量及试验，确定警报音能够达到的范围。

 知识链接 1

声音到达试验方法

1. 使用器材

（1）电动警笛：1台。

（2）音效增幅器（100W）：1台。

（3）扩音器（50W）：2个。

（4）噪声测量仪：4～5个。

（5）风向风速计：1～2个。

（6）发电机：1个。

（7）搬运车：2辆。

2. 测量项目

（1）测量地点的声压（用噪声测量仪测量）。

（2）周边的噪声（用噪声测量仪测量）。

（3）根据人耳判断声音能够到达的地点。

（4）根据人耳判断声音的清晰程度。

3. 测量方法以及判定标准

在警报局的初步建议地点设置人员与如图 5.25 所示的器材进行试验。为了排除个人听力差别的因素，尽可能多找调查员来进行反馈。

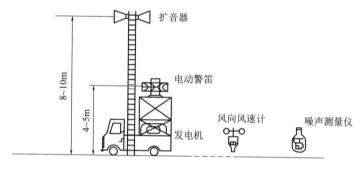

图5.25　声音到达试验器材

接下来就要进行基准声压测量试验。使调查员根据表 5.11 来判定声音的清晰度。在这里要注意提醒测量员之间不要互相沟通，以保证试验的准确性。然后采集测量结果，如果有一定的偏差，选择少数服从多数的结果。

最终选定的位置，采集的声压应大于基准声压，且清晰度在 3 级以上。

表5.11　　　　　　　　　　声音清晰度判断标准

级别	清晰度
0	完全听不清是什么
1	仔细注意一下能够听清
2	不太好听清，但是能听清
3	正常判断
4	很明显能判断
5	很明显能判断（没有回声）

4.试验顺序

（1）警笛声音到达试验。预先确定地点，将电动警笛设置在比地面高4～5m的地点，鸣笛的方式如图5.26所示。

图5.26　鸣笛的方式

（2）播放警笛声音。将扩音器固定在比地面高8～10m的地方，用与警笛相同的方式进行鸣笛。

（3）判定清晰度。根据上文的清晰度表格来记录警笛声音的清晰度。

3.扩音器的配置

扩音器大多数情况下和警笛同时布设，在放水前和准备放水时发布语音通知，对放水预警信息的内容进一步说明。

4.电子显示屏的配置

电子显示屏具有传达文字信息的功能，一般针对在河流内休闲活动的人群，并且与警笛和扩音器共用，设立在河流内可以游泳、垂钓、露营等河流使用频率高的地段。

建议在河流内人群聚集的地方，如河滩公园、沿河村町广场等地设立电子显示屏。

5.警示灯的配置

警示灯与警笛和扩音器并用，在河流使用频繁的地点对进入河流的人群进行警告。

6.警报车的配置

警报车上面要配备扩音器、警笛、警示灯、发光器、移动无线电话等设备。警报车上配备的扩音装置必须能够发出特别洪亮的声音，除了用麦克风进行现场播放外，还可以进行磁带等的录音播放。

7.视频摄像头的配置

视频摄像是为了保证在无法巡视的情况下，能够准确监视放水前后的河流现场情况。设置室外摄像头的时候，要考虑亮度问题。为了能够收集到良好的画面图像，要充分考虑到夜间、雨天等情况，设置合理的摄像头。

在设置摄像头时应注意以下几点。

（1）可以选择建筑物的背阴处，避免阳光直射的位置。在背阴处的好处是，可以通过建筑物来躲避阳光和雨，而不是通过自身来躲避。

（2）多选择一些方便且安全的地点。设立在高一点的地方时，必须设立安全的脚手架等。

（3）选择少有震动的地点。

 知识链接 2

野村和鹿野川水库调度和预警案例

2018 年 7 月，受梅雨锋面和 7 号台风的影响，日本大部分地区发生了超历史纪录的特大降雨，给日本造成重大人员伤亡和重大经济损失。受强降雨影响，日本国土交通省所管辖的 558 座水库中有 213 座进行了防洪调度❶，位于爱媛县肱川的野村水库、鹿野川水库情况最为严重，进行了异常洪水时防灾操作和预警，下泄洪水漫过堤防，造成了下游城镇洪水泛滥和财产损失。

1. 水库基本情况

肱川位于日本的爱媛县，因河流流向似人体肱部而得名。肱川发源于爱媛县东宇和郡的鸟坂岭，与黑濑川合流后向西北方向改变，在爱媛县伊予滩入海。肱川流域面积为 1210km²，干流长度为 103km，年平均降雨量为 1800mm，流域内 90% 为山地，10% 的平原地区集中了 14 个市町村，流域内人口共有 11 万人（图 5.27）。

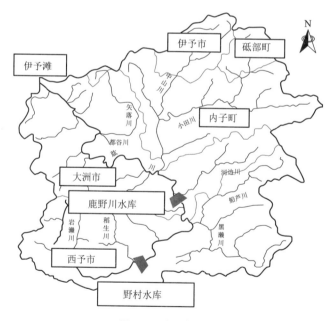

图5.27　肱川流域图

---

❶　異常豪雨の頻発化に備えたダムの洪水調節機能に関する検討会［EB/OL］. http://www.mlit.go.jp/river/shinngikai_blog/chousetsu_kentoukai/index.html.

野村水库位于肱川上游，控制流域面积168km²，占肱川总流域面积的14%，大坝为混凝土重力坝（图5.28），最大坝高为60m。野村水库主要任务为向城区供水和农业灌溉，总库容为1600万m³，其中兴利库容为920万m³，防洪库容为350万m³。

鹿野川水库位于肱川中上游，控制流域面积513km²，占肱川总面积的42%，坝型也为混凝土重力坝（图5.29），最大坝高为61m。鹿野川水库的主要任务为发电和提供生态环境流量，总库容为4820万m³，其中兴利库容为1910万m³，防洪库容为1070万m³。表5.12为两座水库特征表。

图5.28　野村水库大坝和溢洪道　　　图5.29　鹿野川水库大坝和溢洪道

表5.12　　日本肱川野村水库和鹿野川水库水位库容特征表

特征	野村水库	鹿野川水库	备注
设计降雨	365mm/2d	350mm/2d	频率为1/100
坝顶高程	173m	91m	
设计洪水位	171.5m	不详	频率为1/200
洪水时最高水位	170.2m	89m	防洪高水位
常时满水位	169.4m	86m	可认为等同正常蓄水位
异常洪水时防灾操作起始水位	169.4m	87.5m	
洪水贮留准备水位	166.2m	84m	可认为等同汛限水位
预泄截止水位	——	81m	
洪水调节库容	350万m³	1070万m³	可认为等同防洪库容
泄洪影响区域	西予市	大洲市	

2. 水库调度和预警方案

野村和鹿野川均采用分段调度＋后期保持一定开度的调度方式。

野村水库的洪水调节容量为350万m³，在现行的洪水调度中，将300m³/s作为洪水调度开始流量，其后入库流量增加。如果库水位达到标高 167.9m，则提高出库流量至 400m³/s，如入库流量继续增加，则保持闸门开度不变。另外，洪水过程中，如果库水位达到 169.4m，且根据水文预报库水位可能突破洪水时最高水位，则启动"异常洪水时防灾操作"，加大下泄流量，与入库流量逐步持平（图 5.30）。

鹿野川水库调度方式与野村水库类似，但调度方案中增加了预泄调度的方式，通过预泄扩充防洪库。预泄初始的流量为 600m³/s，预泄截止的水位为 81m。通过预泄，防洪库容增加至 1650 万 m³。洪水过程中，鹿野川水库洪水调度的起步流量是 600m³/s，库水位达到标高 84m，增加出库流量至 850m³/s，异常洪水时防灾操作起始水位是 87.5m（图 5.31）。

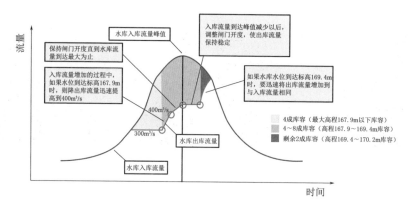

图5.30　野村水库调度方式

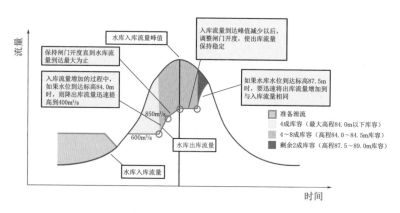

图5.31　鹿野川水库调度方式

野村水库在大坝下游沿河城镇共建设 21 处泄洪警示牌、11 处警报站（含广播和 LED 显示屏，如图 5.32 所示），鹿野川水库则建设了 22 处警报站。

　　野村水库和鹿野川水库泄洪时，根据预警方案，首先通知下游影响区的地方政府（野村水库对应西予市、鹿野川水库对应大洲市）和相关机构（地方水利部门、警察局、消防局、电视台），地方政府通过防灾行政无线广播网向受众发布传播人员转移的预警信息，同时消防部门也参与预警发布和人员转移避险。两个水库同时采用自建的预警发布系统(报警广播站、警报车、显示屏等)直接向受泄洪影响区的人员发布预警（图 5.33 ）。

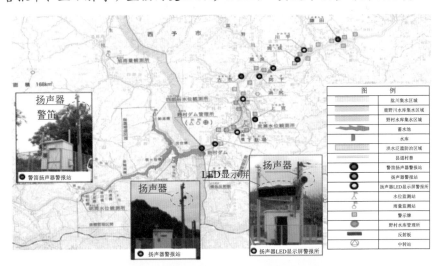

图5.32　野村水库预警站和雨水情监测站分布图

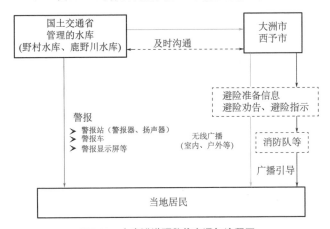

图5.33　水库泄洪预警信息通知流程图

3. 调度及预警过程

　　2018 年 7 月，受梅雨锋线和 7 号台风影响，在爱媛县、广岛县、冈山县等地区发生了严重的洪涝灾害。爱媛县肱川流域自 7 月 4 日 22：00 开始，多地累计降雨达到 600mm。7 日 3：00 — 7：00，各雨量监测点降雨强度超过 20mm/h，7 日 7：00，野村水库上游流域面平均雨量达到 53mm/h，强降雨和水库泄洪导致肱川大洲第二地点水文站水位突破历史纪录，达到 8.11m，比历史最高值高了 1.26m。野村库区降雨（421mm/2d）、鹿野川库区降雨（380mm/2d）都超过设计规模，野村水库入库洪峰达 1942m³/s，是历史第二位的 2.4 倍，鹿野川水库入库洪峰达 3800m³/s，是历史第二位的 1.6 倍。

受强降雨、河流洪水及两座水库泄洪影响，肱川堤防多处漫溢，导致野村水库下游的西予市 630 栋房屋受淹，鹿野川水库下游的大洲市 2800 栋房屋受淹。

（1）野村水库调度和泄洪预警过程。

1）野村水库 7 月 4 日收到降雨和水文预报后，开始事先泄流降低水位，在正常的洪水调节库容 350 万 m³ 的基础上，又多泄了 250 万 m³，水位比洪水贮留准备水位（汛限水位）还低了 3.5m，洪水调洪库容达到了 600 万 m³。

2）6 日 22：00，野村水库的入库流量达到 300m³/s，根据洪水调度方案，野村水库开始进行洪水调度，于 22：10 向相关机构发布了 "洪水调度开始信息" 的通知。

3）7 日 2：30，野村水库收到了水文预报，预报信息显示 "下泄流量可能会超过下游河道的安全泄量，预计在 6：20 要执行异常洪水时防灾操作"。

4）7 日 3：11，野村水库管理所长向西予市有关地方行政首脑通过热线电话传达当时的水库调度的计划；3：27，传达了 "6：20 左右开始发生可能进行异常洪水时防灾操作"。3：30，西予市指示消防队做好准备；3：35，消防队要求各分队和队员集结，启动学校、体育场馆等避险所。

5）7 日 4：30，野村水库管理所向相关机构通知 "异常洪水时防灾操作" 的紧急通知，5：10，西予发出避险指示（相当于立即转移的通知），通过无线广播 3 次，消防队也通过喇叭引导居民采取避险行动。5：15，野村水库管理通过泄洪预警系统（警报站、警笛）发布警报，还通过警报车（携带扩音喇叭的汽车）巡回播出。

6）7 日 6：20，水库调度调整为 "异常洪水时防灾操作"。7：40 观测到最大入库流量 1942m³/s，水库水位为 170.83m（超过洪水时最高水位 0.63m），7：50 水库最大出库流量 1797m³/s。

7）7 日 6：40，野村水库下泄洪水漫过堤防。

8）7 日 13：00，异常洪水时防灾操作结束。野村水库水位和流量过程线如图 5.34 所示。

需要特别说明的是，在洪水过程中，日本四国地方整备局基于短时临近降雨预报（1 ~ 6h），滚动进行未来 6h 入库洪水和出库洪水的预报（图 5.35）。在 7 日凌晨 2：30 向野村水库提供了 6：20 可能 "执行异常洪水时防灾操作" 的重要信息。

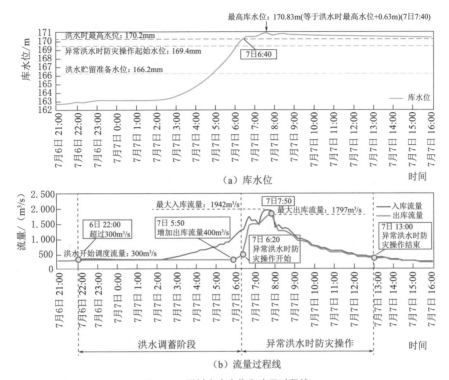

图5.34　野村水库水位和流量过程线

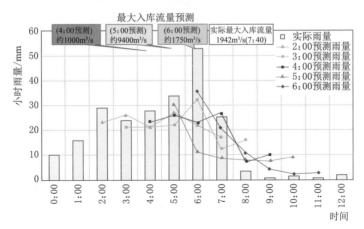

图5.35　野村水库未来6h逐小时降雨和流量预报

（2）鹿野川水库调度和泄洪预警过程。

1）7月3日开始，鹿野川水库收到降雨和水文预报后开始预泄降低水位，在正常洪水调节库容1650万 m³（含预泄580万 m³）的基础上，再超额预泄了580万 m³，洪水调节库容达到了2230万 m³的容量。

2）7 日 3：39，大洲市地方政府及消防队发布避险准备信息。

3）7 日 4：15，鹿野川水库入库流量达到 600m³/s，因此鹿野川水库管理所开始进行洪水调度，同时向相关机构发布"洪水调度开始信息"的通知。

4）7 日 5：10，鹿野川水库管理所收到了水文预报，预报信息显示"下泄流量可能会超过下游河道的安全泄量，预计在 7：30 要执行异常洪水时防灾操作"，水库管理所立即向大洲市通报。

5）7 日 6：00，鹿野川水库管理所向相关机构通知"7：30 异常洪水时防灾操作相关的信息"；6：18，水库利用预警系统（警报站、警笛）和警报车发布人员转移信息；大洲市消防队也通过扩音喇叭等手段传播预警信息，指导人员转移。

6）7 日 7：35，水库调度调整为"异常洪水时防灾操作"。8：42 观测到最大入库流量 3800m³/s，水库水位为 89.63m（超过洪水时最高水位 0.63m），8：43 水库最大出库流量 3742m³/s。

7）7 日 8：00，下游河道洪水漫过堤防，大洲市受淹。

8）7 日 12：42，异常洪水时防灾操作结束。鹿野川水库水位和流量过程线如图 5.36。

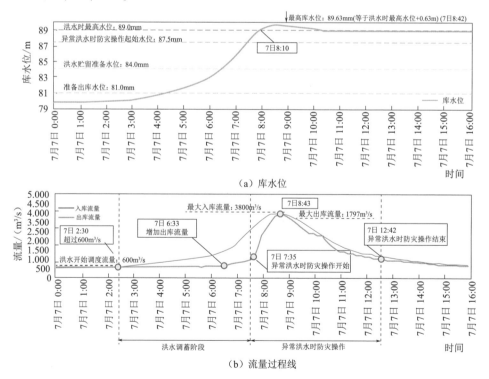

（a）库水位

（b）流量过程线

图5.36　鹿野川水库水位和流量过程线

5.4　本章小结

（1）以中期气象降雨预报指导预泄，通过预泄增加水库防洪库容。但预泄必须在能够恢复至预泄前库容（水位）的前提下进行。

（2）进行异常洪水时防灾操作调度的目的是尽可能使用水库调洪库容，在洪水超标准前降低洪峰或推迟洪峰。预报入库洪水达到防洪高水位时，就向下游发布人员转移预警，而实际水位达到异常洪水时防灾操作起始水位时（低于防洪高水位），则进入入库流量与出库流量逐渐平衡的异常洪水时防灾操作阶段。

（3）在水库下游河流中发生洪灾或可能发生洪灾时，应考虑降雨预报状况，进入特殊防灾操作阶段，减小泄洪流量，充分挖掘水库调洪库容潜力，为工程抢险提供条件。

（4）当水库放水（泄洪）对下游人员设施安全造成影响时，水库管理单位需要提前通知相关都道府县负责人、相关市町村行政首长、警察局局长、消防队队长等人士，并依托预警系统对河流周边发布警报。河道中可能被洪水淹没的地点和水位上升速率超过 30cm/30min 的区域被认为是泄洪预警区。

第6章

堰塞湖应急处置技术

受地震、强降雨诱发，日本由滑坡堵河造成的堰塞湖险情多发频发。为最大限度减少堰塞湖带来的二次灾害，土木研究所等科研机构提出了《堰塞湖监测技术手册》(《天然ダム監視技術マニュアル》)❶等技术指导性文件,建立了堰塞湖应急监测流程，提出了滑坡区、堰塞体、周边山体、湖区监测科目和技术要求，研发了使用直升机投送的水位计等应急监测设备。

6.1 应急监测流程

堰塞湖形成后，需要立即开展初步调查，紧急评估堰塞湖的危险度，进而制定堰塞湖应急抢险和救援方案，开展堰塞湖详细调查，构建堰塞湖全方位的监测体系，详细研判堰塞湖的危险度。堰塞湖应急监测的流程如图6.1所示。

6.1.1 初步调查阶段

1.基础资料收集

在确认堰塞湖地理位置及可能受威胁的对象分布的同时，收集堰塞湖所在流域状况及流域的降水量、入库流量等基础资料，包括大比例尺形图（1/1000 ~ 1/5000），大范围地形图（1/10000 ~ 1/25000），河道纵剖面图（堰塞湖上游至下游受洪水威胁区），河道横剖面图 [堰塞湖区、堰塞体、受威胁对象周边、堰塞湖下游河道关键部位（如桥梁等）]，流域的航拍照片及卫星画像

---

❶ 土木研究所資料 第 4121 号 天然ダム監視技術マニュアル（案）[EB/OL]. https://www.pwri.go.jp/team/volcano/tech_info/manual/h20_fy2008/dosi4121.pdf。

（堰塞湖形成后），河流监测站水位（流量）数据，余震的震度、震源的相关资料，道路、电力、通信基础设施的受损状况等。

　　2. 堰塞湖实地调查

　　利用人工实地调查、直升机调查等方式对堰塞湖的规模、形态、淹没范围等进行实地调查，初步掌握堰塞湖的整体情况。

　　（1）人工实地调查。人工实地调查首先判断有无次生灾害发生的可能性，通过目视、拍照、摄影、激光测距、GPS等调查堰塞湖的整体状况。如果条件允许，可以设置临时水位标尺。此外，查找监测设施设备的安装布设位置（人工建造物护岸、桥梁等），了解监测设备供电方式和当地的交通状况。

　　（2）直升机调查。乘坐直升机从空中对堰塞湖所在流域进行调查，初步掌握堰塞湖区的范围，堰塞体的位置、规模、形态、溃决的可能性，使用激光测距仪测量堰塞体形状（垭口至上游水面的高差、宽度、顺河向长度、下游坡高度），估测滑坡体（或崩塌体）的规模，评估滑坡体再次滑坡的可能性，掌握堰塞湖上游淹没区和下游威胁区涉及对象的分布等信息（表6.1）。当在夜间或者天气恶劣无法进行直升机调查时，可调用无人航空机调查。

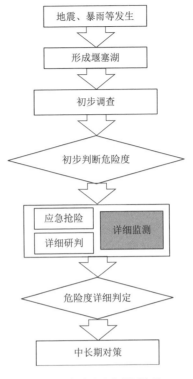

图6.1　堰塞湖应急监测流程

表6.1　　　　　　　　直升机调查的要点（初步调查阶段）

调查科目	调查（摄影及判读）的要点
堰塞体位置	通过手持GPS获取经度纬度信息，确认在地图上的位置
高度、长度、宽度、上下游坡度	拍摄堰塞体整体，在直升机上使用激光测距仪进行测量，在地形图上描绘高度、长度、宽度
入湖流量	投入一块浮木，用摄像机进行拍摄，读取河水流速、河宽
堰塞湖水位（动态信息）	同一个地点每次飞行都进行拍摄，通过比较已经拍摄的画面进行信息读取
堰塞体构成材料的渗透系数、颗粒级配分布	对堰塞体进行放大拍摄，从拍摄的视频中进行推断
周边地形、居民户的分布，建筑物、基础设施等受灾情况	从整体拍摄的视频中读取，对受灾区域进行放大拍摄

6.1.2　详细监测阶段

为了准确预测堰塞湖形成后的二次灾害并采取相应措施，需要监测堰塞湖整体状态。因此，需要合理设置监测设备的位置、监测科目和方法，选取适宜的仪器设备并同时构建完善的信息传输系统，以达到预期的监测效果。

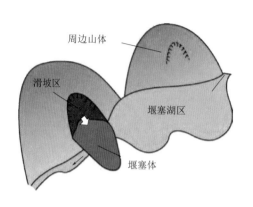

图6.2　堰塞湖的监测部位

1. 监测对象与科目

堰塞湖监测对象有 4 项，分别是"堰塞湖区""堰塞体""滑坡区"及"周边山体（与湖水相邻的山体斜坡）"，如图 6.2 所示。堰塞湖的监测需根据这 4 个对象的特点以及监测科目，确定仪器设备的布设与监测方式。

基于前期基础数据收集与现场初步调查结果，考虑监测设备的适宜性以及当地电力、通信和交通基础设施情况，构建全面的堰塞湖监测体系，包括监测科目、监测方法及监测仪器的选择，人员配置及信息通信系统等内容。堰塞湖监测科目与监测设备布设如图 6.3 所示。

⑥滑坡区及周边山体监测

监测科目	监测目的	方法及监测机器	内容
堰塞体、湖区、滑坡区及周边山体	堰塞湖整体状况实时监测与掌握	目视判读、直升机、视频监测站	监视堰塞湖的规模、形状、洪水淹没范围图等、掌握堰塞湖瞬间溃决过程
堰塞湖水位	湖区库水位监测	直升机、水尺、地面测量、自动水位计、投入式水位计	预测出于预报时间，评估由于蓄水导致上游的淹没范围
流量水位雨量	确定堰塞湖入湖流量	流速仪、浮标、视频直升机、水尺、地面测量、压力式水位计、落式水位观测浮标、雨量计	预测堰塞湖溃流的时间，存某排水时需要计算排水量
慢蚀速度与开裂变化	堰塞体的监测	目视判读、直升机、视频站、激光测距仪、全站仪、多点位移传感器	掌握堰塞体溢流时坝体侵蚀状况和堰塞体形变化情况
流量	确定堰塞湖出湖流量	流速仪、浮标、视频站、水尺、水位计	监视堰塞湖溢流导致溃决的流量
崩塌的前兆现象斜坡位移	滑坡区及周边山体的监测	目视判读、伸缩计、崩塌检测传感器、移动式、GPS测量、地面测量	滑坡区及周边山体的扩大及新产生崩塌的监测
溃坝泥石流	因堰塞体溃决引发的泥石流监测	水位计、震动传感器、目视判读、视频站、线传感器、雨量计	因堰塞体溃决导致泥石流的监测

图6.3　堰塞湖监测科目与监测设备布设（详细监测阶段）

监测科目主要有水位、降水量、侵蚀量等，随堰塞湖规模的不同而有所区别，常规情况下的监测科目见表6.2，其中堰塞湖整体状况的监测与掌握、湖区水位的监测、入湖流量及堰塞体的监测最为重要。随着堰塞湖状况及天气条件等变化，监测机制也需要根据具体需求及时修改。如果监测时间较长，则需要构建长期的监测机制。

表6.2 　　　　　　　　　　　　**堰塞湖监测科目与方法**

监测科目	监测目的	方法及监测机器	内　　容
堰塞体、湖区、滑坡区及周边山体	堰塞湖整体状况的监测与掌握	目视判读、直升机、视频监测站	监测堰塞湖的规模、形状、洪水淹没范围等，掌握堰塞湖漫坝溃决过程
堰塞湖水位	湖区水位监测	直升机、水尺、地面测量、压力式水位计、投入式水位计	预测漫坝时间，评估由于蓄水导致上游的淹没范围
流量水位雨量	确定堰塞湖入湖流量	流速计、浮标、视频站、直升机、水尺、地面测量、压力式水位计、投入式水位计、雨量计	预测堰塞体溢流的时间，有泵排水时需要计算排水量
侵蚀速度与形状变化	堰塞体的监测	目视判读、直升机、视频站、激光测距仪、地面激光扫描仪、全站仪、多点位移传感器	掌握堰塞体溢流时坝体侵蚀状况和堰塞体形状变化情况
流量	确定堰塞湖出流量	流速计、浮标、视频站、水尺、水位计	监测堰塞体溢流导致溃决的流量
崩塌的前兆现象斜坡位移	滑坡区及周边山体的监测	目视判读、伸缩计、崩塌检测传感器、移动桩、GPS测量、地面测量	滑坡区及周边山体的扩大及新产生崩塌的监测
溃坝泥石流	因堰塞体溃决引发的泥石流监测	水位计、震动传感器、目视判读、视频站、线传感器、雨量计	因堰塞体溃决导致泥石流的监测

2. 监测技术与设备

（1）堰塞湖整体状况监测。为了掌握堰塞湖整体状况（堰塞体规模、形状、淹没范围、溃决过程）等，需要配置监测人员和监控设备。在配置监测人员时，要十分注意监测人员的安全。另外，如果监测是长期的话，则需安装监控器对其进行监视。如堰塞体规模较大，在指挥中心通过视频监控设备无法看到整体，或者视频监控设备无法进行安装运行的情况下，可通过实地调查和直升机实施调查，以实现对堰塞湖的整体监测。

采用视频监控设备时，尽可能选用高清摄像机（图6.4），同时要考虑其防雨性和防尘性。另外，如需开展夜间监测，还要设置照明设备及发电机、油料。如果在冬季进行监测，则需考虑设备的抗寒性。视频图像可采用卫星便携站（日本称为卫星小型图像传输装置 Ku-SAT）（图6.5）实现远距离实时传送，也可使用手机、卫星电话等通信手段传送静态照片。如需要长期的监测，则需安装固定摄像头，使用市用电源。

图6.4　高清摄像机监测

图6.5　卫星便携站（Ku-SAT）

（2）湖区水位监测。为确定由于堰塞体堵江导致上游淹没情况，预测堰塞体顶部溢流的时间，需要监测堰塞湖区水位。水位一般需要 24h 连续监测，监测间隔为 1h，水位陡升或陡落时应加密观测。湖区水位监测可采用直升机、水尺、投入式水位标、全站仪、压力式水位计、投入式水位计等设备。

有的堰塞湖存在时间很短，无法在较短时间布设水位传感器和 Ku-SAT，宜采用水尺，通过目视对水位进行定期观测。难以安装水尺时，可以将下沉式水位标（漂浮的浮标进行目视计数）投入水中观测（图6.6）。紧急时，需要配置人员和照明机器保证昼夜连续观测。在难以接近堰塞湖区、不能设置水尺的情况下，可通过位于远方的全站仪测量基准点和水面的高差来计算水位，但需要预设基准点的高程。

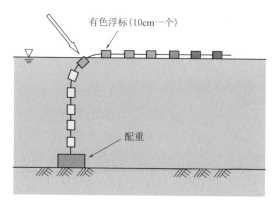
图6.6　下沉式水位标

　　如堰塞湖存在时间较长，可设置压力式水位计自动观测，水位计可以设置在相对稳固的河岸或桥梁处。在交通、公网通信中断情况下，可使用直升机投送投入式水位计进行水位监测（图6.7）。

　　（3）入湖流量监测。进行入湖流量监测，一方面用于预测因堰塞体溢流而发生溃决造成洪水灾害的时间，确定抢险施工的工期；另一方面，确定使用排水泵时的排水量以及预测溃决时的洪峰流量。

　　堰塞湖上游河道有护岸等建筑物，可以设置压力式水位计和流速计推求流量。有桥梁等横向构造物时，安装非接触式水位计（超声波式、

图6.7　投入式水位计

雷达式）、流速计来测量。此外，如果堰塞湖区已经设置了流量观测器（水位计、流速计），则可直接利用这些数据。当难以设置固定式传感器但确需要连续观测时，可使用走航式流速计（ADCP）测量洪水流速，同时利用浮标、摄像机等目视判读水深及河流宽度，综合推求入湖流量。此外，还可以利用流域上游及堰塞湖周边的降雨量，采用分布式水文模型计算入湖流量。

　　通过地形图可算出各高程对应的堰塞湖库容，作堰塞湖坝高库容 H–V 曲线。通过曲线和入湖流量，则能够推测溢流的时间。

　　（4）堰塞体监测。为了掌握堵堰塞体变化情况，防止堰塞体溃决时发生泥石流，通过目视、地上测量、视频站及传感器等监视设备进行监测。当溢流侵蚀引发溃决时，建议通过视频站定性监测坝体变化，或使用地面三维激光扫描等设备进行定量监测。当无法设置视频站(或激光扫描仪)或者非常紧急情况下，建议使用简易设备（如数字指南针、激光测距仪等）进行监测。

　　出现渐进式的溃决时，通过监测员、监控摄像机或直升机重点监测坝体下游侧面渗流水量和含砂量、裂缝、渗流通道等。利用监控摄像机时，应选择一个可以俯瞰整个堰塞体的安全位置，并同时使用地面激光扫描仪进行定量监测。

　　（5）堰塞湖出流量监测。堰塞湖出湖流量的监测目的主要是监视掌握堰塞体溢流而发生溃决洪水过程流量，为快速评估溃坝洪水对下游影响提供支撑。堰塞湖出湖流量监测方法、设备与入湖流量监测基本相同。

　　（6）滑坡区和周边山体监测。为了防止滑坡的扩大及保证现场抢险救援和监测人员的安全，需要监测滑坡区及周边山体的二次崩塌、新发生崩塌等，掌握崩塌的前兆和可能发生滑坡的位移。当确认出前兆时，则判断崩塌发生的风险高低。主要前兆现象有：出现裂缝；有落下的岩石和小崩塌；有树木根部断

裂的声音；涌水量变化。当确认有裂缝等时，需要监测位移及其移动速度，并根据现场情况使用地面伸缩计、打孔板、GPS 测量、全站仪等观测设备。

（7）堰塞体溃决诱发泥石流监测。监测堰塞体溃决诱发的泥石流，可以采用水位计、振动传感器、视频监测站、断线报警器、雨量计等设备。

3. 现场滑坡和泥石流监测预警

为了确保现场抢险施工人员安全，避免滑坡、泥石流发生带来的人员伤害，根据布设在监测滑坡区、周边山体的传感器，设置预警指标，同时在现场指挥部安装回转灯、大喇叭等报警设备，一旦发现监测指标超过预警指标，则立即中止施工，人员撤离。

日本 2008 年岩手·宫城地震堰塞湖抢险救援的现场预警指标是：①发生震度 4 级的地震；②现场的雨量计监测到 5mm/h、15mm/3h 的降雨量；③伸缩计读数为 2mm/h，多点位移计读数为 5mm/3h。达到上述任一指标时，立即停止施工。降雨停止 6h 以后，检查滑坡区现场，确认无危险后方可再度施工 ❶。

4. 信息传输系统

堰塞湖监测信息传输系统的构建，主要分为堰塞湖形成初期的系统建设和后续过程的系统更新两个阶段。堰塞湖形成的初期阶段应利用通信设备构建能够确保发出信息的通信系统，而不是确保稳定的线路/电源和传输容量，采用的通信设备有 Ku-SAT、遥测终端机（RTU、须能够传输多传感器信息）、卫星电话等。后期根据堰塞湖监测及抢险需求及时更新通信系统，以确保其稳定性、质量、精度等，可通过恢复电话线、安装商用电源、铺设光缆等更新最初的通信系统，以便能够传输更稳定和更大容量的监测信息。

6.1.3 应急监测的特点

日本堰塞湖应急监测技术和体系具有分阶段性、系统性、多样化、适应性的特点。

（1）分阶段性。分为初步调查和详细监测两个阶段，两个阶段监测的目的、时效性、监测精度均有所不同。堰塞湖形成后，收集相关资料，开展图上作业，采用直升机等手段立即开展初步调查，紧急评估堰塞湖的危险度；在堰塞湖应急抢险和救援期间，开展堰塞湖详细监测，构建堰塞湖全方位的监测体系，详细研判堰塞湖的危险度，为抢险救援提供实时监测信息支撑。需要说明的是，对堰塞湖的监测阶段是由堰塞湖存在的时间周期和危险度决定的，如堰塞湖很快就漫顶溃决，则不进行第二阶段的详细监测。

（2）系统性。堰塞湖监测对象有四项，分别是"堰塞湖区""堰塞体""滑坡区"及"周

---

❶ 森俊勇，坂口哲夫，井上公夫. 日本の天然ダムと対応策 [M]. 古今書院，2011。

边山体（与湖水相邻的山体斜坡）"。堰塞湖监测以能够满足详细研判堰塞湖危险度的需要、为抢险救援提供信息支撑为目标，开展 7 个方面的监测（详见 6.1.2 节）。

（3）多样化。在堰塞湖初步调查和详细监测两个阶段，对不同的监测科目，尽可能地用多种方法监测，保证监测结果的可靠性和可验证性。例如，在进行水位测量时，利用可连续自动观测的水位计同时结合水尺的目视共同监测。对于不同监测设备，例如传感器、接收器、水位计、流速仪等均配置多型号、多类型，以保障至少有一种以上的监测方式可行。

（4）适应性。针对堰塞湖产生后多发生交通中断或无法利用公网通信的情况，开发了多种专用技术和设备。如采用直升机搭载人员摄像并激光测距，快速测绘堰塞体坝高；投入式水位计采用直升机投送，适用于交通、公网通信中断情况下的无人值守监测，用设备换人力，减少了现场监测人员的危险度。Ku-SAT 仅重 40kg，可现场拆装携带，接入并实时传输多种传感器监测信息及视频图像信息。

6.2　应急监测技术

6.2.1　群发堰塞湖快速识别技术

发生于山区的地震和大规模暴雨往往导致群发堰塞湖险情，地震发生后，快速查找、识别堰塞湖成为灾后应急救援的当务之急。然而，有的堰塞湖所在地人迹罕至，有的交通中断人员难以到达，给快速确定堰塞湖数量和规模带来了很大的难度，只得求助于光学遥感影像。由于灾害发生区域在灾后常伴随有云雾、阴雨等天气，极大地影响了光学遥感影像发挥的作用。星载合成孔径雷达（synthetic aperture radar，SAR）发射的微波具有穿透云层的特性，能够不受天气影响对受灾区域进行观测。国土交通省国土技术政策综合研究所于 2014 年发布了报告《基于双极化 SAR 影像的大规模滑坡和河道堵塞场所辨识调查方法》（《2 偏波 SAR 画像による大規模崩壊及び河道閉塞箇所の判読調査手法》），提出了利用 SAR 卫星影像 HH、HV 回波辨识堰塞湖的方法，并对 12 号台风造成的奈良地区 6 座堰塞湖进行了辨识❶（图 6.8）。

采用 SAR 影像极化回波辨识堰塞湖的原理是：SAR 成像系统发射水平极化波，其回波信号由于地面反射产生不同角度的偏转，形成垂直（vertical，V）和水平（horizontal，H）两个分量，雷达分别接收这两种回波信号，就是 HH 和 HV 两种极化成像方式。不同的极化方式由于回波强度的不同，直接导致成像的差异，其

---

❶　2 偏波 SAR 画像による大規模崩壊及び河道閉塞箇所の判読調査手法（案）[EB/OL]. www.nilim. go.jp/lab/bcg/siryou/tnn/tnn0791pdf/ks079102.pdf。

中最明显的是灰度级（后向散射值）。HH、VV 回波在滑坡区（裸露的土体）散射强度大，在地表植被中变小。HV、VH（交叉回波）在地表植被处散射强度大，在滑坡区变小。将 HH 和 HV 回波用 RGB 彩色图像合成，可提高滑坡区和地表植被的识别精度。在进行彩色合成时，为了使图像的外观接近于可视图像，使滑坡区（裸露土体）突出，将 HH 回波以 R（红）、B（蓝）像素表示、HV 波以 G（绿）像素表示，从而使地表植被为绿色，滑坡体表现为紫红色（图 6.8）。但是，在山区的滑坡区或堰塞体，如果可能的话，最好参考灾害前的正射卫星图像加以辨识。

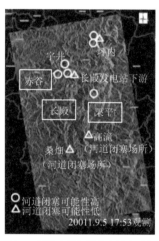

(a) 通过SAR影像查找识别奈良县山区的堰塞湖

(b) 双极化SAR影像识别奈良县栗平堰塞湖

(c) 航空摄影确认奈良县栗平堰塞湖

图6.8　群发堰塞湖快速识别技术
（2011年9月12号台风暴雨导致奈良地区6座堰塞湖）

6.2.2　堰塞体状快速测量技术

堰塞湖形成后，需要快速确定堰塞体形状参数（上游临水坡坝高、下游坡高度、宽度、长度），其中以堰塞体上游临水坡坝高最为重要，根据此参数，结合DEM信息计算堰塞湖库容。根据上游入库流量监测数据，才能确定堰塞湖溢流时间，为工程处置施工工期、溃决洪峰计算、确定人员疏散转移范围提供关键信息。日本发展了一套直升机搭载测绘人员采用长距离激光测距仪测绘的方法，测量误差一般小于10%，可满足在堰塞湖形成初期快速评估堰塞湖危险度的需要❶。

日本采用的激光测距仪的型号是美国 Laser Technology 公司的"True Pulse 360"，最大测量距离为 1000m，重量为 220g。当然也可选取其他的激光测距仪，但要保证测量距离大于 500m。选取的测量模式为线性间距、水平间距高度差。一般可采用三脚架或手持两种方式测量。通常手持方式能够减少直升机振动对测量的干扰，因此首推手持方式。同时，为了减小玻璃折射带来的误差，建议开窗进行测量，如图6.9所示。

(a)利用三脚架支撑测量　　　　　　　　　　　(b)手持测量

图6.9　直升机上采用激光测距仪测量堰塞湖形状

6.2.3　投入式水位计

堰塞湖水位是监测体系监测的重要项目，一般采用水尺、全站仪、雷达式水位计等设备监测。然而堰塞湖所在地往往交通不便、环境恶劣，加之滑坡造成电力、通信、交通中断，使水文监测人员无法靠近湖区，即使在现场监测，但由于环境恶劣，无法有效供给电力和给养，给监测人员人身安全和定时监测带来极大的困难。为了解决交通中断情况下堰塞湖水位长时间监测的问题，日

❶　土木研究所资料　第 4121 号　天然ダム監視技術マニュアル（案）[EB/OL].https://www.pwri.go.jp/team/volcano/tech_info/manual/h20_fy2008/dosi4121.pdf。

本土木研究所研发了投入式水位计，采用直升机投送，实现了堰塞湖水位的无人值守监测和数据传输。投入式水位计在日本各地布设了 11 台，在 2008 年宫城·岩手地震和 2011 年纪伊半岛台风暴雨导致的多个堰塞湖中应用，并技术出口到印度尼西亚等国家，取得了良好的效果。

投入式水位计由装有卫星通信装置的浮标部及装有压力式水位传感器的测量部构成（图 6.10），由直升机投入水中后，浮标部和测量部自动分离，浮标部浮出水面，测量部接触湖底（图 6.11 与图 6.12）。投入式水位计只观测相对水位，需要通过地面测量或者激光雷达测量结果，换算成为海拔数值。

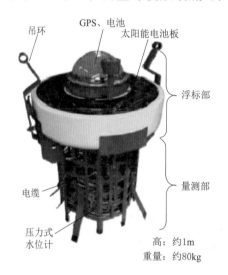

图6.10　投入式水位计结构图

投入式水位计具有以下优势：①投入迅速，只需从直升机投下便可安装使用，不受地面道路中断影响；②可长期稳定运行，内置电池可使用三个月左右，密封性好，因泥沙流入导致设备破损的可能性小；③使用卫星通信传输监测数据，利用低轨道卫星传送系统，具备低电流消耗、设备小型化、天线定向不需调整等优点；④提供目视标识，为直升机或岸上观测人员目视读取浮标部与堰塞体顶部的相对高度提供有效标识。

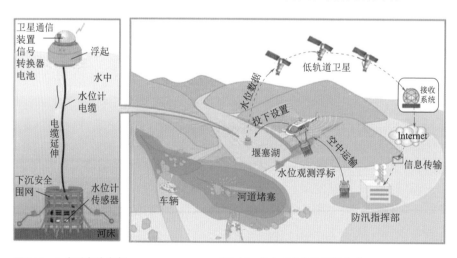

图6.11　入水后自动分离　　　　图6.12　投入式水位计投送方式

6.2.4　卫星便携站（Ku-SAT）

日本在堰塞湖现场采用卫星便携站 Ku-SAT（日本称为卫星小型图像传输装置）传输监测的水位、位移、流量、视频等信息。Ku-SAT 具有以下特点：①易于携带，总重量为 40kg，易于拆分组装；②便于组网和共享，可以实现多个点位同时接收现场信息；③可传输高清视频图像信息，便于总指挥部直观掌握现场情况（图 6.13）；④可同时实现语音通信和数据通信，传输多传感器监测信息；⑥便于增加图像和语音通道数量；⑦可灵活调整卫星接收器天线方向。

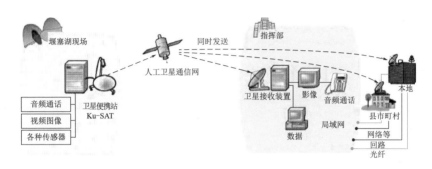

图6.13　堰塞湖现场各监测传感器传输方式

伴随着通信技术的发展，国土交通省也在逐步改进卫星通信装备，研发了 Ku-SATV 2.0 版本，新旧设备参数对比见表 6.3，并于 2013 年在全日本进行了推广。另外，国土交通省对防灾专用卫星线路也进行了相应的升级改造，提高了卫星通信线路的保障率和畅通性。目前日本已在全国各地部署了 166 套设备，在近年来的暴雨洪水灾害、地震灾害现场抢险救援、应急通信中发挥了重要的作用。卫星便携站成为应急管理部门最为依赖的应急通信设备。

表6.3　　　　　　　　　　新旧小型卫星便携站参数对比表[1]

类别	Ku-SAT V1.0	Ku-SAT V2.0
影像质量	只有64k（非正式影像），最多24个影像	384k ~ 2M区间可选，也可发送高画质高清影像
附加功能		具备邮件收发功能及Web查看功能
共享能力	根据各整备局固定局的接收装置数进行影像共享（只限在地方整备局）	通过国土交通省、近畿固定局综合网络连接，可在日本全境内实现实时共享
安装配置时间	40 ~ 45min	20 ~ 15min

---

[1] Ku-SAT の運用改善 [EB/OL]. https://www.ktr.mlit.go.jp/ktr_content/content/000624143.pdf.

6.3　抢险挖掘设备研发

6.3.1　背景和约束条件

在 2008 年宫城·岩手地震诱发的堰塞湖抢险中，针对危险性较高、溃决后对下游危害严重且有时间进行人工干预的堰塞湖，日本采取了机械开挖泄流槽、加固河床和两岸山体边坡、抽排堰塞湖水的应急工程措施。为了解决道路中断情况下大型施工机械的投送问题，日本采取了将挖掘机（铲斗容积为 0.23m³ 及 0.5m³）拆解，采用民用直升机吊装至堰塞体，再进行组装的投送方案（图 6.14 和图 6.15），探索了危险地点远程遥控、无人化施工的方式 ❶。

图6.14　将挖掘机拆解　　　　　　图6.15　直升机吊运拆解部件

应急抢险结束后，日本国土交通省进一步总结经验，组织东北地方整备局研发了空运型挖掘机（铲斗容积为 1m³），强化了无人化施工功能，并在日本多地部署。2011 年 8 月，12 号台风带来的暴雨洪水侵袭日本纪伊半岛，导致奈良、和歌山等地出现 17 座堰塞湖，在奈良县栗平、长殿堰塞湖抢险处置过程中，共投入了 1m³ 级空运型挖掘机 2 台、0.5m³ 级 6 台，取得了良好的应用效果。

根据日本的经验，空运型挖掘机的研发约束条件如下：

（1）采用常规民用直升机吊运，考虑温度和海拔的影响，分解零件的重量不得超过直升机载重能力，且能够保持吊运平衡状态。

（2）满足施工工期需求，采用施工能力大的挖掘机，尽最大可能压缩拆解组装时间和运输次数。

---

❶　森俊勇，坂口哲夫，井上公夫. 日本の天然ダムと対応策 [M]. 古今書院，2011。

6.3.2　研发要点

1. 确定拆解构件质量[1]

日本国土交通省东北地方整备局调查了日本民用运输直升机现状，现存吊运能力为5t的民用运输直升机有1台、3t的有8台。考虑到3t的直升机数量较多，抢险救援时容易调用派遣，故以3t的直升机作为运输工具对象。考虑到直升机吊运重量根据温度和海拔的不同而变动，参考以往的灾害发生地点海拔、灾害发生时间的气温，并考虑到吊运物体稳定性的因素，确定拆解零件块的最大重量为2800kg（海拔定为500～1000m、气温定为20～30℃，吊运物重心要稳定）。

2. 构件拆解方案

按照小于直升机最大吊装载运能力（2800kg）的原则，根据铲斗容积为1m^{3}的挖掘机的构件组成，将其初步分解成11块，但底盘（约5600kg）及配重（约5400kg）的质量均超过2800kg。将底盘分解为左行驶架、右行驶架、下部转向架三部分，拼接采用加工方便的法兰式，确保连接强度达到要求。配重分解为上下两个部分，每部分重量均小于2800kg，上下两部分配重采用插销方式连接。通过上述拆解方式，总重量25830kg的挖掘机被拆解成14块（图6.16）。

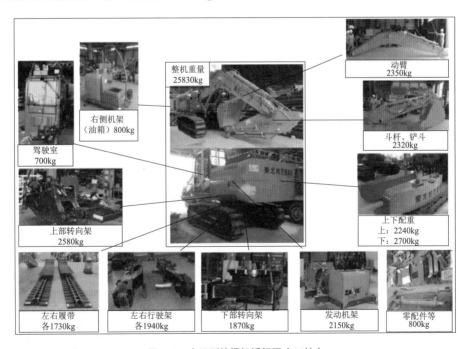

图6.16　空运型挖掘机拆解图（14块）

---

[1]　安斎裕幸. 空輸対応型油圧ショベルの検討 [J]. 建設マネジメント技術，2010（5）。

3. 提高拆解组装效率

在 2008 年宫城·岩手地震诱发的堰塞湖抢险中使用的挖掘机，需要在工厂花费 3d 时间拆解液压管路和电气线路。为了提高拆解组装效率，节约时间，研发的空运型挖掘机的液压管路电气线路连接采用"插拔式"方式（图 6.17），可容易进行装配。另外，为了防止错误的电路、油路管线连接，对管线附上不同的颜色标识。通过上述改进措施，设备的拆解可在 1d 内完成。

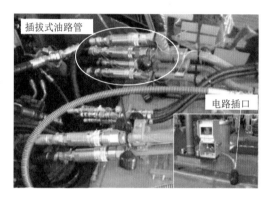

图6.17　插拔式油路管和电路插口

4. 强化无人化施工功能

在宫城·岩手地震余震引起的崩塌和降雨造成的泥石流等危险地点施工中，抢险队伍探索了远程控制的无人化施工机械，施工效率为有人操作的 60%，虽然施工效率低，但确保了施工人员的安全。因此，由于能够防止崩塌、滑坡、泥石流等次生灾害对施工人员的伤害，确保施工抢险人员零伤亡，研发的空运型挖掘机将远程操纵装置作为标准配置，采用目视 + 操作手柄、挖掘机加装摄像头 + 显示屏幕 + 操作手柄的两种方式远程操作挖掘机（图 6.18）。

(a)通过目视操作　　　　　　　　　　(b)通过显示屏操作

图6.18　无人化施工两种操作方式

5.铲斗替代配件

根据抢险现场的施工需求，设计的空运型挖掘机铲斗可替换为各种配件，不需要对设备主体进行改造，包括液压破碎机、起重吊勾、抓斗等，如图6.19所示。图6.19（a）为液压破碎机。液压破碎机可用于岩石破碎、结构破拆等。在堰塞湖抢险现场时，可采用液压破碎机破拆影响湖水泄流的巨石、倒塌的建筑物等。图6.19（b）为起重吊钩。在挖掘机铲斗上加装起重吊钩（但仍要确保铲斗总重不能超过2800kg），可在施工现场吊装各种装备和建筑材料，相当于在现场配备了起重机。图6.19（c）为抓斗，包含圆锯，用于现场倒塌树木的切割、搬运、清理等。

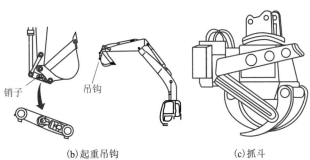

销子　　　　　吊钩

(a)液压破碎机　　　　　　　　　(b)起重吊钩　　　　　　　　　(c)抓斗

图6.19　铲斗替代配件

 知识链接 1

堰塞湖抢险施工注意事项❶

国土交通省东北地方整备局于2011年发布了《堰塞湖施工技术导则》，对堰塞湖抢险施工阶段、施工的必要性和注意事项作了规定。堰塞湖形成后，除了进行两阶段调查评估和应急监测外，需要根据评估结果对是否采取抢险施工手段进行判断，堰塞湖的抢险施工分为应急恢复、紧急恢复、主体恢复等阶段（图6.20）。

---

❶　天然ダム形成後における施工の技術的アプローチ[EB/OL]. www.thr.mlit.go.jp/Bumon/B00097/k00360/happyoukai/H22/ronbun/1-20.pdf。

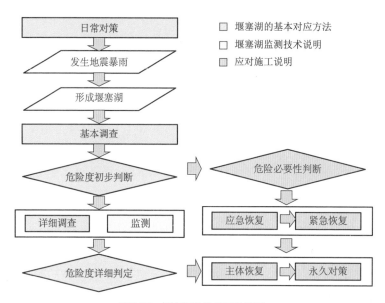

图6.20　堰塞湖抢险施工的阶段

1. 堰塞湖抢险施工必要性判断

对于因地震等原因形成的堰塞湖，是否有必要采取抢险处置，需要根据到溢流为止的时间、堰塞湖上游淹没范围、溃坝洪水导致下游淹没的可能性等判断。该判断流程如图 6.21 所示。

另外，在应急 / 紧急恢复时，也有像宫城·岩手地震那样堰塞湖群发，而且道路中断，因此不能同时对所有的堰塞湖采取抢险处置，因此，需要堰塞湖的形成条件和溃决后的影响进行系统分类，分别采取相应的处置方式。

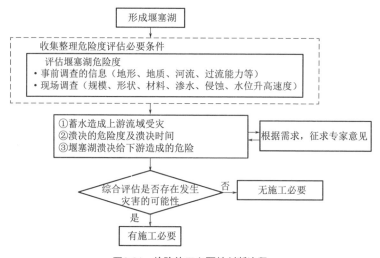

图6.21　抢险施工必要性判断流程

2. 应急恢复注意事项

应急恢复的主要目的是尽量维持或降低堰塞湖水位，在进行紧急修复等施工之前不发生溢流侵蚀，为堰塞湖排水渠施工争取时间。应急恢复的主要手段是采取水泵抽排水。施工注意事项如下。

（1）软管尾部通过 PVC 管等固定，防止爆管。

（2）由于管路末部因排水而受到侵蚀，因此设置了预制板等保护材料。

（3）排水管路从堰塞坝的下游面延伸到下游的河床。

（4）为了防止流木等的吸入，在泵口周围设置浮标和拦网等。

（5）制定排水泵 24h 不停止条件下的燃料供给方案。

另外，堰塞湖现场环境恶劣，余震和地质灾害可能造成施工人员人身伤害，需要制定监测和预警方案，布设预警设施设备，确保预警信息能及时发布并传达到抢险施工人员和下游居民。

3. 紧急恢复注意事项

紧急恢复的目的是建立临时排水通道，争取恢复至原河道状态。此外，对现有的拦挡堰坝进行除石除砂，增加库容，减小可能出现的溃坝泥石流灾害对下游的冲击。施工注意事项如下：

（1）在开挖排水渠崩塌土时，由于地基松软，因此有必要针对排水渠入口、中段和末端水路部侵蚀程度，采取不同的开挖和支护方案。

（2）挖掘堰塞坝时，需评估弃土堆的稳定性。

4. 主体恢复和永久对策阶段

本阶段的目标是恢复到受灾前的状态，同时为了防止次生灾害，制定地质灾害防治计划和河道改造计划，确保河道断面能够通过设计标准的洪水。此外，在永久对策中，为了防止荒废地区的沙土流失，需要采取一定的水土保持措施。施工注意事项如下：

（1）由于在排水渠挖掘时会产生大量的岩土，因此有必要考虑将其用作建筑物中的填充物。

（2）保证施工安全，建立与相关机构单位的定期会议机制。

6.4　本章小结

（1）堰塞湖应急监测分为两个阶段。堰塞湖形成后，需要立即开展初步调查，紧急评估堰塞湖的危险度，进而制定堰塞湖应急抢险和救援方案，开展堰塞湖详细调查，构建堰塞湖全方位的监测体系，详细研判堰塞湖的危险度。

（2）本章介绍了一些极具针对性的监测技术和设备，如通过双极化合成孔径雷达（SAR）影像查找识别堰塞湖技术、堰塞湖形状快速测量技术、堰塞湖水位无人值守监测设备、现场多传感器监测信息实时传输装置等。有的技术并不复杂或先进（如直升机上使用激光测距仪测量坝体形状参数），但均非常实用，满足了快速、轻便、人员安全的应急监测需求，适应了交通中断、网络中断、无外部电力的恶劣条件。

（3）国土交通省组织研发的空运型挖掘机（铲斗容积为 $1.0m^3$ 级）是根据堰塞湖抢险的需要和制约条件，在常规的挖掘机上改造而成的。其与以往应用的挖掘机相比，具有以下优势：①通过优化拆解方案，拆解、空运、组装的时间缩短了 5.5d；②与 $0.5m^3$ 级相比，施工能力几乎加倍，缩短了施工工期；③增强了防止次生灾害的远距离操纵功能；④增加了满足多种作业要求的配件。

第7章

防汛训练和教育方法

为应对严重的自然灾害，日本建立了从中央到地方相对完善的防灾组织体系，并设置了灾害知识普及等专业部门，推行机关事业团体的专业性教育和训练，培养国民减灾意识，在防灾减灾教育技术方面具有世界先进水平，尤其在防汛宣传教育技术上颇具特色。

7.1 图上训练法

图上训练分为个人和集体两种，其中集体方式又分为讨论型和应对型，如图 7.1 所示。目前，防汛使用较多一般是图上训练 DIG。

图7.1 防灾机构开展的图上训练

图上训练 DIG 取自 disaster（灾害）、imagination（想象力）、game（游戏）的首字母，也包含了挖掘防灾意识、探索地区、理解灾害的意思。其起源于自卫队指挥演习中所使用的地图，1997 年由小村隆史、平野昌等加工设计而成，现在多用于防灾训练，是指设想发生大灾害的情况下，通过全体参加者围在地图上标记出灾害地点、研究预防措施及应对措施等。实施方式由政府主导转向居民自己策划、实施等各种形式，既在防灾机构内部使用，同样也在社区、学校中广泛使用。图上训练形式见表 7.1。

表7.1　　　　　　　　防灾图上训练形式

分类		训练特征	通用名称	方　　法
个人		基于一定的前提条件，个人思考预测灾害情况及应对措施等训练形式	状况预测型图上训练	训练指挥者设定简单情景，每个参加者在有限时间内预测灾害发生状况，回答自己需要开展怎样的决策和行动
			个人想象训练	设定灾害发生时自己为主人公，在卡片上填写想象的一系列行动过程，加深灾害发生时的印象
集体	讨论型	在训练指挥者的指导下，按照一定的规则建立小组进行讨论，提出想法（地区的防灾地图，防灾对策等）的形式	图上训练DIG	以 5～10 人左右的小组为单位进行。由小组全体人员围着大地图，对地区发生的灾害进行印象训练
			防灾小组工作	训练指挥者设定简单情景，以数名小组为单位讨论具体灾害情况和必要对策等，互相发言，以求达成共识
			防灾研讨会	方法与防灾小组工作相同，规模不同。通过参加者的讨论，以制作防灾计划、指南，防灾地图等为主要目的
			防灾问答	5 人左右的小组进行游戏。对于卡片上记载的灾害后发生的各种两难问题，决定自己该怎么办，回答是或否，互相交换意见
			避险所游戏	多人小组进行的游戏。模拟体验将写有避险者年龄、性别、国籍和各自情况的卡片，在避险所的平面图上如何恰当地安排，以及如何应对在避险所发生的各种各样的事情

续表

分类		训练特征	通用名称	方　法
集体	讨论型	在训练指挥者的指导下，按照一定的规则建立小组进行讨论，提出想法（地区的防灾地图，防灾对策等）的形式	为准备训练计划的研讨会	市区町村、消防、警察、都道府县、国家（国土交通省工程事务所、气象台等）等防灾机构联合对图上训练计划进行讨论。相关人员可互相认识交流，可以理解为图上训练之一
	应对型	统筹训练下进行，参训人员被赋予角色，通过模拟体验某机构的操作流程，找出机构运用和体制上的问题并共享的形式	图上模拟训练	设定接近实际灾害时的场面，训练参加者通过赋予的角色作用模拟体验灾害。在收集、分析、判断被设定的灾害状况同时，研究应对措施等，进行灾害应对活动的训练。

7.1.1　防灾机构的应用

防灾机构开展的图上训练DIG具有的意义往往超越了通常的训练，不仅是为了提升个人的知识和技术，而且对于提高组织全体成员的参与率，强化凝聚力及信息共享都是不可缺少的。

具体的训练方法包括将训练参加者分为各小组，准备几种地形图，盖上透明塑料布，使用不同颜色油性笔、便笺纸等进行书写，按照指示绘制过去的历史灾害，标注山洪、泥石流等灾害危险场所，标出避险地点，讨论研究"预想危险的场所"和"为了安全避险的路线"等，并让各小组发表意见、相互讨论、评价等。

7.1.2　学校的应用

学校开展的图上训练方式与防灾机构类似，也是在地图上标绘。通过图上训练，学生要了解社区的基本情况和潜在风险，了解防灾措施、避险点和路线，通过数据分析灾害的规模和损失，分析周围邻居是否有人需要帮助，紧急情况下采取哪种方式进行救助最为适合。

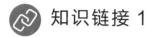

知识链接 1

2005年宫城县某小学图上训练DIG实例❶

2005 年宫城县某小学组织 5、6 年级共 90 名小学生开展图上训练 DIG，5 ~ 6 人一组，全程用时 2.5h。以近 30 年发生率高达 99% 的宫城县近海地震海啸风险图为基础，学生们按照"城市情况、保护什么、受灾情况、采取行动"4 个步骤进行。

组织者事先提供给学生本次灾害基本信息，训练中，①学生用不同颜色的笔在地图描画标注回家路线或自家附近的海洋、学校、公路铁路、警察局、避险所、危险点等重要地点；②对于身边的危险，在便笺纸写上"危险"或"！"，将其贴到认为危险的地方；③每人在便笺纸上填写 3 个对自己最重要的事物，思考为了保护这些事物该怎样做；④学习海啸是如何发生的，海啸袭来会带来怎样的灾害等；⑤组织者抛出"如果现在发生海啸怎么办？"等问题开展讨论。经过 2.5h 的训练和讨论，学生普遍意识到海啸灾害的可怕及发生海啸时要向高层建筑物高处逃生；同时也可以看出，面对相同问题，生活经验不同、知识储备不同的学生答案不同。

7.2 时间轴法

2012 年 7 月九州北部暴雨导致重大人员伤亡，同年 10 月美国在防御飓风"桑迪"过程中，新泽西州有效运用 timeline（"时间轴"），实现了人员零死亡。为了学习美国经验，2013 年国土交通省与防灾相关学术团体组成了联合研究小组，对美国"桑迪"飓风进行了实地调查，召开了研讨会。联合研究小组建议，根据日本国情，以特大洪水灾害为预想对象，制定和使用时间轴。在 2014 年 4 月召开的第二次国土交通省防灾减灾对策本部会议上，决定以国家管理河流为对象，定位于市町村发布避险劝告等行动，制定适用于多部门联合应对的"时间轴"预案。2015 年 8 月召开的第三次对策本部会议上，提出 2020 年在洪水易发区的 730 个市町村制定避险劝告发布全部要基于时间轴的预案。该项任务于 2017 年 6 月就已提前完成，可见日本对制定时间轴投入力度之大。

7.2.1 防灾机构的应用

从 2016 年起，国土交通省积极推进基于时间轴的防灾计划（预案）编制方

---

❶ 杨洪亮 . 日本中小学灾害教育研究 [D]. 重庆：西南大学，2017。

法，通过时间轴，明确"何时做""由谁做""怎么做"，使国土交通省、相关团体机构和个人在大规模水灾发生之前的各时间节点都能落实明确的对应措施。

防灾机构在假设发生灾害的基础上，要提前阐明应对该风险需要采取的行动，明确"何时做""由谁做""怎么做"，沿着时间轴进行梳理。具体来说，防灾机构通过假设发生灾害时状况，共同协作、共享信息，研究灾害发生时要开展的防灾行动。在此基础上，明确了灾前防灾信息的发布、传达、避险指导等机制体制，同时保障公共交通工具和紧急运输路线的运营。发生灾害时，以制定的"时间轴"预案为基础，结合气象、洪水等情况，根据事态的发展，防灾机构加强联动，在灾前早期阶段实施迅速有效的防灾行动；与预想情况不同或复合灾害发生时，不能仅靠"时间轴"制定的防灾行动，各部门要会商决策，随机应变。

制定时间轴时，将灾害发生的时间设定为"零时"，可以是台风登陆的时间，还可以是漫堤和堤坝决口等灾害发生的时间。利用降雨、洪水模拟和实际灾害事例等模拟从"零时"开始实施各个防灾行动的时机和所需时间（称为"提前期"）。为了有效发挥作用，必须在"零时"前做好准备，早行动。开始防灾行动的时机由各个实施主体自行设定，但在需要多个实施主体协作的情况下，应会商设定。

当时间轴设想的灾害形态、规模、位置、范围等情况发生变化时，防灾机构要根据各自职能，重新调整应对措施，制定时间轴预想外的防灾行动，时间轴与居民的避险行动息息相关，因此要及时向社会公布 ❶。基于时间轴的预案编制和实施验证流程见表 7.2。

表7.2　　　　　　　　基于时间轴的预案编制和实施验证流程

平时	计划	居民、企业、地方政府、中央政府等相关单位和个人策划制定基于时间轴的防灾预案
	训练	防灾预案进行防灾训练，共享各主体间的信息和对应措施
	确认	确认自己在防灾预案上应该采取的防灾措施
水灾发生时	实践	以防灾预案为核对清单，执行相对应的措施行动
	协作	以防灾预案为基础，加强各团体之间的协作，以增强防灾减灾效果
事后	验证	各团体事后应验证、总结防灾对策，提出防灾预案实施中发现的问题等。
	改善	以各个团体的检验验证为基础，完善、修订防灾预案

---

❶　タイムライン（防災行動計画）策定・活用指針（初版）[EB/OL]. http://www.mlit.go.jp/river/bousai/timeline/pdf/timeline_shishin.pdf。

知识链接 2

基于时间轴的台风防灾预案[1]

依据国土交通省洪水灾害管理对策，基于时间轴法，国土交通省制作了台风灾害防御预案，如图 7.2 所示。

时间	国土交通省	交通服务	市町村	居民
○台风预报 ○有关台风事件新闻发布会 ○有关台风事件新闻发布会	○设立灾害应急指挥部 ○确认联络体制、通信系统 ○信息联络员、TEC-FORCE检查/待机 ○确认相关协作部门的体制 ○确认设施（水坝、水闸、排水设备等）的相关操作 ○设备和材料的采购（灾害合作建筑公司等）	○发布交通服务停止运行预告	○调整确认大范围疏散避难的体制 ○发布避难疏散方针 ○开设疏散避难所	○保护自家住宅 ○准备防灾用品
○有关台风事件新闻发布会（特殊预警发布的可能性） ○大雨预警、洪水预警 ○泥石流灾害预警信息 ○泛滥预警信息（泛滥预警水位） ○暴雨、强风、海啸、大浪特别警报	○对船舶等通知传达相应警报 ○TEC-FORCE派遣出动（受灾情况调查的支援） ○启动紧急路线疏散避难指示 ○确认交通服务企业事前做好的应对计划 ○水库预泄的指示确认 ○劝告船舶等相关疏散避险 ○限制入港，限制停泊船舶的移动命令等 ○向市村长传达事态紧急状况 ○巡视河流、海岸、道路、砂防 ○加强视频监测站监视 ○TEC-FORCE活动（启动排水） ○实行道路通行限制（因强风等的规定限制）	○实施防止浸水的措施 ○确认停止运行的程序 ○公布停止运行程序 ○开始排水 ○准备停止运行	○引导和接受避难者 ○接受联络信息联络员、TEC-FORCE ○等待防洪抢险队伍 ○避险队的运作 ○巡视河流、海岸、道路等 ○准备对应避险延迟人员 ○发布避险指示、通告 ○对应避险延迟人员 ○防汛抢险活动的实施	○准备开始大范围疏散避险 ○让需要照顾的人先开始避险 ○开始避险 ○大范围避险完毕
○泛滥危险警报（泛滥危险水位）	○TEC-FORCE队出动（防止灾害扩大） ○设施操作员从危险场所疏散	○停止运行 ○完成保全设施疏散	○警察、消防、抢险队伍从危险场所散避避	○完成避险
○泛滥发生信息情报（泛滥水灾预测） ○警报继续/解除	○实施救助、救济活动 ○确保通信正常 ○TEC-FORCE活动（打通道路） ○JMA-MOT活动（实施气象机动调查） ○掌握被灾情况以及设施等地方的检查 ○公布发表调查、检查结果，以及通行管制状况 ○TEC-FORCE出动（早期重建修复支援） ○确保紧急输送路线、运输船的畅通（救助、物资等的输送） ○发表公布所掌握的交通服务运行状况 ○判定受灾住宅地的危险性 ○提供临时应急住宅 ○信息联络员、TEC-FORCE归队	○掌握受灾情况，检查设施 ○公布通行预测 ○完成部分排水工作 ○恢复部分通行 ○公布通行情况 ○完成全部排水工作 ○恢复全部通行 ○公布通行状况	○请求支援 ○完成一部分防汛抢险活动 ○避险指示、劝告继续/部分解除 ○完成全部防汛抢险工作	○继续避险/回家 ○完成避险

时间轴标注（左侧）：生成台风、-120h、-96h、-72h、-48h、-36h、有登陆可能性、-24h、-18h、-12h、-9h、-6h、台风接近、-3h、0h、+3h、台风登陆、+12h、+72h；波浪、强风、大雨、土砂灾害、强风、风暴潮、洪水、发生大规模洪水灾害、陆地。

图7.2　基于时间轴的台风灾害防御预案（红色是特别需要加强的项目）

---

[1] 災害対応のスケジュール表"タイムライン"［EB/OL］. http://www.mlit.go.jp/river/bousai/timeline/pdf/timeline01_1601.pdf。

7.2.2　个人的应用

2015年9月日本关东和东北地区持续暴雨，鬼怒川下游堤坝决堤，约40万km² 的土地被淹没，淹没面积约占茨城县常总市土地面积的三分之一。防灾机构按照时间轴措施，有效发布避险劝告，尽管自卫队、消防、警察等部门加强协作参与了大量救援，但居民避险意识淡薄、避险不及时等原因造成的伤亡问题仍然突出。为了让居民冷静有序逃生，减少避险延迟带来的风险，防灾机构借鉴时间轴经验，针对居民制定了"我的时间轴"，使居民养成"自己保护自己"的意识，当河流水位上升时，按照"我的时间轴"的顺序，居民主动采取的标准防灾行动。

"我的时间轴"使用对象是居民，通过地区居民参与的研讨会讨论制定，以灾害发生为背景，由"何时做""由谁做""怎么做"三部分构成❶。"我的时间轴"目的是使居民掌握居住地周围的洪水风险、相关防灾信息资源以及正确的避险方式，目的是培养和启发居民避险意识，使居民遇到灾害时能够采取避险标准行动。

创建"我的时间轴"主要步骤如下：

（1）了解居住地及周边的灾害风险，包括历史洪水、地形特征、洪灾风险等基本情况。

（2）能够解读灾害时各类预警信息，接到不同预警信息采取相应的避险行动。

（3）建立自己的"我的时间轴"。

 知识链接 3

"我的时间轴"制作方法（神奈川县相模原市案例）❷

"我的时间轴（相模原市）"分3个步骤制成。

1. 了解居住地周边的灾害风险

要了解相模原市地形的特征。相模原市西部山地广阔，主要水系有相模川、道志川和串川等河流；东部台地开阔，有境川、道保川、鸠川、姥川、八濑川等中小河流。从地形来看，相模原市多发的主要灾害有洪水泛滥和山洪灾害两种。2019年10月12—13日，第19号东日本台风造成相模原市有纪录以来最大降雨，相模原市首次发布了大雨特别警报，绿区周边遭受了严重泥石流和洪水灾害，城山水库首次紧急泄洪，全市超6000人避险。

---

❶　マイ・タイムライン実践ポイントブック検討会［EB/OL］. http://www.mlit.go.jp/river/shinngikai_blog/timeline/index.html.

❷　マイ・タイムライン作成ガイドブック［EB/OL］. https://www.city.sagamihara.kanagawa.jp/kurashi/bousai/1008638/1018102.html.

（1）洪水泛滥。因降雨导致河水上涨，河水超过河岸和堤防高度造成溃堤的现象，称为洪水泛滥。在境川和鸠川等河宽狭窄的中小河流中，水位会在短时间内急速上升。城山水库出库流量增加，下游水位上升，特别是紧急泄洪时，需要最大级别的警戒。

其中要格外注意自家周边有没有降雨，如上游降雨，水位也会上升。

（2）水库紧急泄洪。水库蓄水量接近极限，预计将超过蓄水最高水位，出库与入库流量相同时，需要最大级别警戒。

1）预测有大雨时，为了确保蓄水量，要事先降低水位。

2）大雨时，出库流量比入库流量少，水库开始蓄水。

3）出库流量与入库流量大致相同时，下游可能会发生重大灾害。

（3）外洪内涝。由于河流泛滥、溃坝等，造成建筑物和土地浸水的现象称为外洪。由于强降水或连续性降水，超过城市排水能力，致使城市内产生积水灾害的现象称为内涝。

内涝严重时，路面会有大量积水，无法看清道路，这时贸然避险反而更危险，要小心窨井、下水道，防止掉入。平时也要掌握常经过道路的危险性。

（4）土砂灾害。土砂灾害具有惊人破坏力，主要分为崩塌、泥石流、滑坡三种类型。

其中持续降雨是信号，要格外小心土砂灾害。

（5）危险地图。危险地图是将有可能浸水的场所和有可能发生泥石流灾害的场所绘制成的地图。确认一下自己的家及周边、工作单位、学校等是否有浸水、泥石流灾害的危险。对于前往避险地的避险路线，也要确认是否有浸水、泥石流灾害的危险。

2. 了解各类防灾信息

（1）防灾气象信息。台风和大雨时，发表了各种有关气象的信息。了解发表的信息是怎样的，对于开始避险是很重要的。

气象厅根据灾害发生的可能性和危险性发表发布特别警报、警报、注意报。

（2）河流水位信息，在相模川、境川、鸠川、道保川、串川发布。

（3）土砂灾害危险度信息，相模原市在绿区和中央区、南区发布。

（4）超历史短历时大雨信息。在发布大雨警报等情况下，观测分析超历史短历时大雨。神奈川县在观测到降雨量达到100mm/h以上时发布。

（5）河流水位。在河流中，设定了"泛滥危险水位"等4个水位，以该水位为基准，发布"泛滥危险信息"。

在相模原市的相模川、境川、鸠川、道保川、串川分别设定了基准水位。

（6）避险信息。有关避险信息由相模原市政府发布，包括撤离避险（水平避险）和确保室内安全（垂直避险）。

所谓撤离避险是指从有河水泛滥和泥石流灾害危险的地方向安全的地方移动的避险行动。

确保室内安全是指移动到能够确保二层以上安全的高度的避险行动，也被称为垂直避险。

台风灾害时，根据建筑物的构造和高度，原则上是撤离避险。

（7）警戒级别。防灾气象信息和避险信息分为5个级别，表达避险时机。警戒级别1～2级由气象厅发布。警戒级别3～5级由相模原市发布。

（8）如何获取防灾信息。可以从国土交通省"川的防灾情报"获得防灾信息。

洪水警报和泥石流灾害的危险度分布中，根据灾害的危险性用颜色区分，可以确认现在的危险度。从"河流水位信息"可以确认近年来在河流中设置的"危机管理型水位计"的水位状况。

神奈川县雨量水位信息：可确认每个水位观测所（桥）的水位和降雨量及城山水库的放流状况。

神奈川县土砂灾害预警门户：可确认县内可能发生土砂灾害的地区和现在土砂灾害危险度。

防灾行政广播无线：发布避险劝告等避险信息和有关国民保护措施等重要信息。

3. 开始制作"我的时间轴"

以防灾信息的知识为基础，考虑到你和你的家人为了安全避险而采取的行动，试着制作"我的时间轴"。

（1）准备的东西："我的时间轴"表、行动表、危险图、书写工具、胶带、剪刀。

（2）我的时间轴的制作方法。在接下来的6个步骤中，考虑安全避险的行动，填写"我的时间轴"。

1）检查危险图中的家庭（周边）状态。查看危险图，确认自家或附近是否有浸水或泥石流灾害的危险。

2）决定避险的地点。一边看危险地图等，一边决定避险的场所。这时，也要考虑到避险场所的路线。为了以防万一，最好准备几个避险的地方。避险的优先顺序如下：①安全的亲戚、朋友家，自治会馆等；②风灾避险所；③确保安全的室内场所。

风灾时的避险场所是指在有可能发生洪水或泥石流灾害的情况下，为了逃避其危险的场所。

3）结合避险信息和气象信息，考虑自己的避险标准。看着"我的时间表"，同时考虑在发出哪个信息时开始避险。最重要的信息是避险信息，大雨警报等气象信息也被认为是避险的基准。如果家属中有老年人等避险所需时间较长的人，请考虑尽早避险。

4）考虑避险时要带什么（便于携带）。看防灾指南和危险地图，同时考虑便于携带的物品。为了在避险的时候能自由地使用双手，将其集中在背包里。风灾时的避险场所原则上不提供食物和饮品等物资，所以自己准备避险所需要的手电筒、便携式收音机、饮用水、食物、手套、头盔、换洗衣服、药品、贵重物品等。

5）考虑每个警戒级别自己和家人到避险结束的行动。参考"行动列表"，考虑在什么时候做什么。特别是在避险开始之前，要考虑应该做些什么，到避险需要多长时间也要考虑一下。另外，在避险时也要注意，例如关闭电源开关等。

6）从互助的角度考虑地区的行动。所谓互助，是指为了"自己保护自己的城市"，在邻居之间互相帮助。一旦发生紧急情况，地区的互助是很重要的。呼吁附近的人避险，帮助老年人和残疾人等避险困难的人，考虑自己能做的事。

7.3　RP训练法

RP（role playing）训练法又称为角色扮演法，根据贴近实战的脚本进行演练，其目的是提高灾害应对能力❶。RP训练法的概要见表7.3。训练分为两个群体，分别为导演方和参演方，参演方不知道训练的脚本。导演方扮演的各虚拟机关提供气象情况、灾害情况等，参演方根据这些信息，判断当前局势，制定抢险救灾决策。

表7.3　　　　　　　　　　RP训练法的概要

目标	提高灾害时的应对决策能力
特点	事前不公布训练脚本。以电话和传真等输入的信息和自己收集的信息为基础，研究对应方针，并做出决策
方式	针对所收集的信息进行决策
成果	提高了团队信息收集、分析、决策水平

如果参演方的行动偏离了训练的目的，则导演方有权利中止训练或对训练进行修正。RP训练法的基本概念和训练场所布局如图7.3和图7.4所示。

---

❶　森俊勇，坂口哲夫，井上公夫. 日本の天然ダムと対応策 [M]. 古今書院，2011。

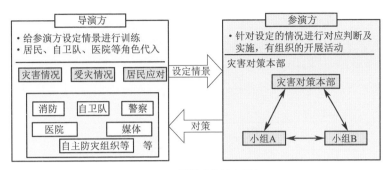

图7.3　RP训练法的基本概念

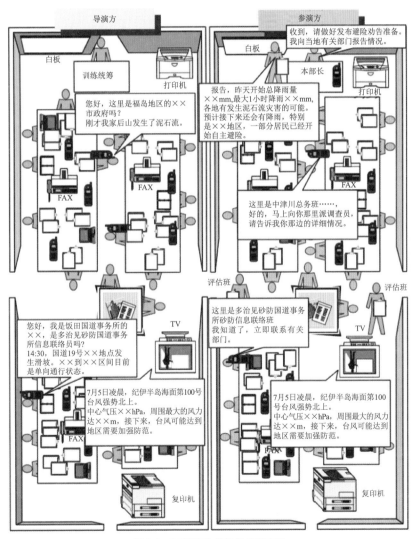

图7.4　RP训练法的训练场所布局

为了使其训练取得更好的效果，RP 训练要在贴近实际的灾害设想下进行，最好按照图 7.5 所示的顺序进行计划、实施、评价。

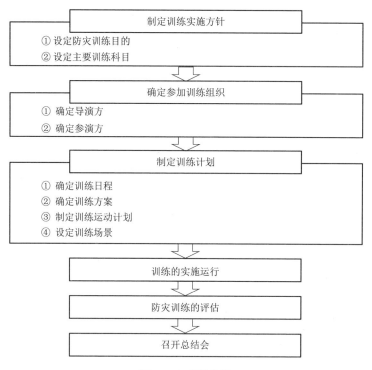

图7.5　RP训练流程

7.4　本章小结

（1）图上训练法是指设想发生大灾害的情况下，通过全体参加者围在地图上标记出灾害地点、研究预防措施及应对措施等，提高全体参加者应对能力和防灾意识的训练方法。实施方式由政府主导转向居民自己策划、实施等各种形式。

（2）通过时间轴，明确"何时做""由谁做""怎么做"，使相关团体机构和个人在大规模水灾发生之前的各时间节点都能落实明确的对应措施。制定时间轴时，一般将灾害发生的时间设定为"零时"。

（3）RP 训练分为两个群体，分别为导演方和参演方，参演方不知道训练的脚本。导演方扮演的各虚拟机关提供气象情况、灾害情况等，参演方根据这些信息，判断当前局势，提出抢险救援决策。